신 | 경 | 향

건설 구조역학

기사 · 산업기사 대비

STRUCTURAL MECHANICS

이관석, 박남용 공저

이책의
특 징

건축기술이 고도로 발달함에 따라 과목도 세분화되고 있다. 이중 응용역학은 건축뿐만 아니라 건축 및 건설 분야의 중요한 기초 과목으로, 구조물 설계의 기초가 되는 필수적인 학문이다.

이런 관점에서 본서는 응용역학의 폭넓은 이해와 건축기사, 건축사 예비시험, 공무원 임용 승진 대비, 각종 공사 및 건설회사의 입사시험 등에 철저히 대비할 수 있도록 최근 출제문제들을 중심으로 연구, 분석하여 기초적인 문제부터 난해한 문제까지 단계적으로 수록하였다. 또 정확한 출제경향을 파악할 수 있도록 **기출문제 및 예상문제**를 명확한 해설과 함께 자세히 다루었다.

본서는 다음과 같은 사항에 역점을 두었다.
(1) 각 장의 이론 부분은 핵심적인 사항만을 간결하게 다루면서 수험생이 이해하기 쉽도록 설명하였다.
(2) 충분한 이해와 연습이 필요한 중요 공식은 예제를 실어서 풀어 볼 수 있도록 하였다.
(3) 기사 시험에 출제된 문제를 바탕으로 최대의 학습효과를 내도록 하였으며, 기출문제를 분석하여 출제가 예상되는 문제들을 예상문제로 수록하였다.

이와 같은 체계를 갖춤으로써 본서는 응용역학을 더 쉽게 이해하는 데 좋은 동반자가 되리라 확신한다. 그러나 여전히 부족한 부분에 대해서는 독자 여러분의 많은 충고와 격려를 부탁드린다.

"학문에는 지름길이나 왕도가 없다. 스스로 노력하는 자만이 성공할 수 있다."는 말을 수험생 여러분의 가슴에 꼭 새기기를 바라며, 끝으로 본서를 집필하는 데 도움을 주신 피앤피북 최영민·김성민 사장님과 편집실 직원들에게 감사드린다.

2016년 3월

이관석 · 박남용

▌목 차 | CONTENTS

목 차 | CONTENTS

10 변 위

11 부정정 구조물

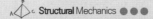

01

정역학의 기초

01 정역학의 기초

1. 힘

1) 힘의 3요소

① 크 기(N) : 선분의 길이로 표시(l)

② 방 향($\tan\theta$) : 선분의 기울기와 화살표로 표시(θ)

③ 작용점(x, y) : 선분 상의 한 점인 좌표로 표시(A)

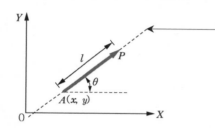

> 힘의 작용선 : 작용점을 지나 힘의 방향으로 그 직선(즉, 힘이 작용하는 방향)

> 힘의 이동성 : 힘은 힘의 작용선 위의 어느 점에 작용점을 옮겨도 힘의 외적 효과에는 변함이 없다.

2) 힘의 단위

① 물리학(절대단위) $\begin{cases} \text{1 Newton : 1N의 물체에 1m/sec}^2\text{ 의 가속도를 생기게 하는 힘} \\ \text{1 dyne : 1gr의 물체에 1cm/sec}^2\text{ 의 가속도를 생기게 하는 힘} \end{cases}$

② 공학(중력단위) : 1N의 물체에 중력가속도(9.80m/sec^2)를 생기게 하는 힘

　　　　　1Nf(1N force : 1N 의 힘)

　　　　　1Nw(1N weight : 1N 인 물체의 무게)＝중량 1N

　　　　　⇒ 1Nf의 힘 또는 1Nw의 무게를 간략하게 1N 으로 사용한다.

③ 국제단위(SI 단위) : 힘(N), 질량(kg), 길이(m), 시간(s)을 기본단위로 한다.

> (a) 응력(압력) : 단위면적당 작용하는 힘$\left(\sigma = \dfrac{P}{A}\right)$　　SI 단위 : 1Pascal≒Pa＝1N/m^2＝1N/m-sec^2
>
> (b) 일 : 힘×거리(W＝P·S)　　SI 단위 : 1Joule≒J＝1N·m＝1N-m^2/sec^2

중력 시스템	절대 시스템(물리학)
기본단위는 힘, 길이 시간이며 단위는 유도된다. $$M = \frac{FT^2}{L}$$	기본단위는 질량, 길이, 시간이며 단위는 유도된다. $$F = \frac{FL}{T^2}$$

2. 힘의 합성과 분해

1) 한 점에 작용하는 두 힘의 합성

① $\alpha = 90°$일 때 : $R = \sqrt{P_1^2 + P_2^2}$

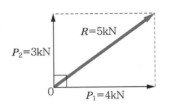

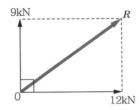

$$R = \sqrt{4^2 + 3^2} = \sqrt{25} = 5\text{kN} \qquad R = 3\sqrt{4^2 + 3^2} = 15\text{kN}$$

② $\alpha < 90°$, $90° < \alpha < 180°$일 때 : $R = \sqrt{P_1^2 + P_2^2 + 2P_1P_2\cos\alpha}$

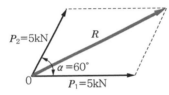

$$R = \sqrt{5^2 + 5^2 + 2 \times 5 \times 5\cos 60°} = 5\sqrt{3}\,\text{kN}$$

$$R = \sqrt{12^2 + 6^2 + 2 \times 12 \times 6 \times \cos(120)} = \sqrt{8^2 + 6^2 + 2 \times 8 \times 6 \times (\cos 120)}$$

$$= 6\sqrt{3}\,\text{kN}$$

보충

$P_1 = P_2$이고 $\qquad \alpha = 120$이면 $\qquad$ 합력 $R = P_1 = P_2 = 5\text{kN}$

$R = P_1 = P_2$이다.

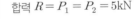

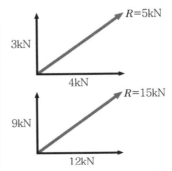

협력 R의 크기는?

---

2) 한 점에 작용하는 여러 힘의 합성

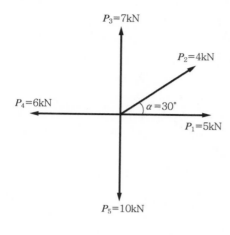

수평분력의 총합

$$\sum H = H_1 + H_2 + H_3 + H_4 + H_5$$
$$= P_1 + P_2\cos\alpha - P_4$$
$$= 5 + 4\cos30° - 6 = 2.4646 ≒ 2.5\text{kN}(\rightarrow)$$

수직분력의 총합

$$\sum V = V_1 + V_2 + V_3 + V_4 + V_5$$
$$= P_2\sin\alpha + P_3 - P_5$$
$$= 4\sin30° + 7 - 10 = -1\text{kN}(\downarrow)$$

① 합력의 크기

$$R = \sqrt{(\sum H)^2 + (\sum V)^2} = \sqrt{(2.5)^2 + (-1)^2} = \sqrt{7.25} = 2.69\text{kN}$$

② 합력의 방향

$$\tan\theta = \frac{\sum V}{\sum H}$$

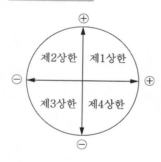

$$\therefore \theta = \tan^{-1}\frac{\sum V}{\sum H} = \tan^{-1}\frac{-10}{2.5} = \tan^{-1} -4$$

$\sum V$	+	+	−	−
$\sum H$	+	−	−	+
θ의 위치	제1상한	제2상한	제3상한	제4상한

3) 한 점에 작용하지 않는 여러 힘의 합성

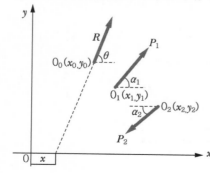

$$\sum H = H_1 + H_2 = P_1\cos\alpha_1 - P_2\cos\alpha_2$$
$$\sum V = V_1 + V_2 = P_1\sin\alpha_1 - P_2\sin\alpha_2$$

① 합력의 크기 : $R = \sqrt{(\sum H)^2 + (\sum V)^2}$

② 합력의 방향 : $\tan\theta = \frac{\sum V}{\sum H}$, $\theta = \tan^{-1}\frac{\sum V}{\sum H}$

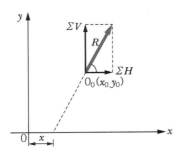

③ 합력의 작용점(바리뇽의 정리 적용)

$$x_o = \frac{\sum V \cdot x}{\sum V} = \frac{V_1 \cdot x_1 + V_2 \cdot x_2}{V_1 + V_2}$$

$$y_o = \frac{\sum H \cdot y}{\sum H} = \frac{H_1 \cdot y_1 + H_2 \cdot y_2}{H_1 + H_2}$$

④ 합력 R이 x축과 교차하는 점에서 원점 0까지의 거리 x는

$$-\sum V \cdot x = -\sum V \cdot x_o + \sum H \cdot y_o$$

$$\therefore x = \frac{\sum V \cdot x_o - \sum H \cdot y_o}{\sum V}$$

4) 한 개의 힘을 두 개의 힘으로 분해

sine 법칙을 이용한다. (또는 도해적으로 힘의 삼각형(시력도)을 이용한다.)

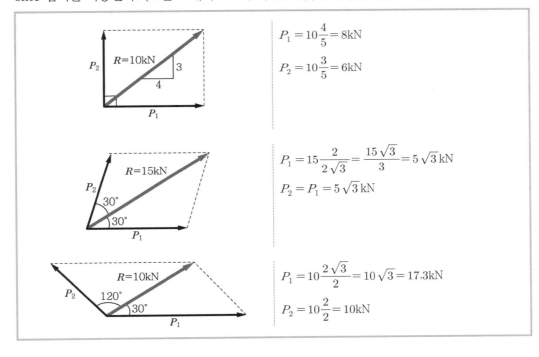

$$P_1 = 10\frac{4}{5} = 8kN$$

$$P_2 = 10\frac{3}{5} = 6kN$$

$$P_1 = 15\frac{2}{2\sqrt{3}} = \frac{15\sqrt{3}}{3} = 5\sqrt{3}\,kN$$

$$P_2 = P_1 = 5\sqrt{3}\,kN$$

$$P_1 = 10\frac{2\sqrt{3}}{2} = 10\sqrt{3} = 17.3kN$$

$$P_2 = 10\frac{2}{2} = 10kN$$

chapter 01 정역학의 기초

Structural Mechanics | 1-5

3. 모멘트와 우력

1) 모멘트

① 정의 : 어떤 점을 중심으로 돌리려고 하는 힘의 크기

모멘트＝힘×수직거리($M = Pl$)

회전모멘트(Moment)

　: 물체를 회전시키는 힘의 크기

　(부호) : 시계방향 $\oplus$, 반시계방향 $\ominus$

휨모멘트(Bending Moment)

　: 부재를 휘게 하는 힘의 크기

　(부호) : 휘어지는 방향에 따라 $\oplus$, $\ominus$부호를 갖는다.

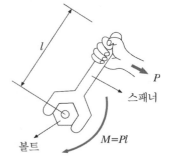

상향$\oplus$　　　　하향$\ominus$

② 모멘트의 기하학적 의의

모멘트는 힘을 밑변으로 하고 모멘트의 중심을 꼭지점으로 하는 삼각형 넓이의 2배이다.

$M_o = Pl =$ 사각형의 넓이 $= 2\triangle ABO$

모멘트가 이룬 면적은 모멘트의 $\dfrac{1}{2}$배이다.

$$M_o = Pl = 2A$$

- 하중 : $P = \dfrac{2A}{l}$
- 모멘트 : $M_o = 2A$
- 모멘트가 이룬 면적 : $A = \dfrac{M_o}{2}$

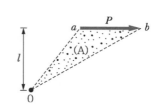

2) 바리뇽의 정리

분력의 모멘트 합은 합력모멘트와 같다.(합력의 작용점을 구할 때 이용 또한 평면도형의 도심을 구할 때도 이용한다.)

3) 평행한 여러 힘의 합성

① 같은 방향의 여러 힘

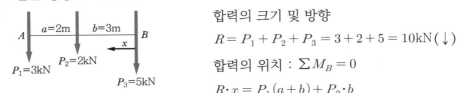

합력의 크기 및 방향

$$R = P_1 + P_2 + P_3 = 3 + 2 + 5 = 10 \text{kN}(\downarrow)$$

합력의 위치 : $\sum M_B = 0$

$$R \cdot x = P_1(a+b) + P_2 \cdot b$$

$$x = \frac{P_1(a+b) + P_2 \cdot b}{R}$$

$$= \frac{3(2+3) + 2 \times 3}{10} = \frac{21}{10} = 2.1 \text{m}$$

② 방향이 서로 반대인 여러 힘($P_1 + P_2 < P_3$)

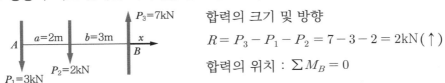

합력의 크기 및 방향

$$R = P_3 - P_1 - P_2 = 7 - 3 - 2 = 2 \text{kN}(\uparrow)$$

합력의 위치 : $\sum M_B = 0$

$$R \cdot x = P_1(a+b) + P_2 b$$

$$x = \frac{P_1(a+b) + P_2 b}{R} = \frac{3 \times 5 + 2 \times 3}{2} = 10.5 \text{m}$$

4) 평행한 여러 힘을 두 개의 평행한 힘으로 분해

① $\sum M_B = 0$

$$P_A \cdot l = P_1(l_2 + l_3) + P_2 l_3$$

$$P_A = \frac{P_1(l_2 + l_3) + P_2 l_3}{l} = \frac{3 \times 7 + 2 \times 3}{10} = 2 \text{kN}$$

② $\sum M_A = 0$

$$P_B \cdot l = P_1 l_1 + P_2(l_1 + l_2)$$

$$P_B = \frac{P_1 l_1 + P_2(l_1 + l_2)}{l}$$

$$\therefore P_B = \frac{3 \times 3 + 2 \times 7}{10} = 2.3 \text{kN}$$

5) 우력(짝힘)

① 정의 : 크기가 같고 방향이 반대인 나란한 한 쌍의 힘을 우력이라 한다.

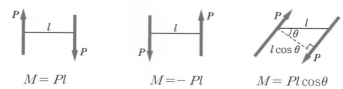

$$M = Pl \qquad\qquad M = -Pl \qquad\qquad M = Pl\cos\theta$$

$$\begin{cases} \text{우력의 합은 영이다} : R = P - P = 0 \\ \text{우력의 크기는 모멘트이다} : \mathrm{M} = Pl \text{ or } -Pl \end{cases}$$

② 우력의 성질

(a) 물체에 우력이 작용하면 합력은 영이나, 그 물체를 회전시키려고 한다.

(b) 우력을 형성하는 두 힘의 임의점에 대한 모멘트의 대수합은 그 점의 위치에 관계없이 일정하다. (즉, 임의 점의 우력 모멘트는 모두 같다.)

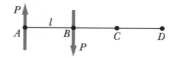

$$M_A = M_B = M_C = M_D (= Pl)$$

(c) 한 우력은 절대로 평행이 될 수 없다.

(d) 하나의 힘은 주어진 점을 지나고 그 힘에 나란한 크기 방향이 같은 하나의 합과 하나의 우력으로 분해할 수 있다. 또 이 역도 성립된다.

보충

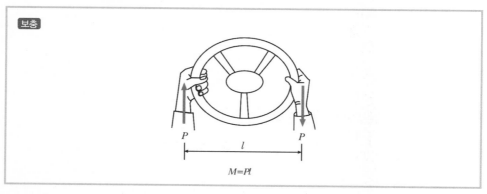

$$M = Pl$$

4. 힘의 평형

1) 한 점에 작용하는 여러 힘의 평형조건(비김조건)

① 도해조건 : 시력도(힘의 다각형)가 폐합해야 한다.(시력도가 폐합이면 합력은 영이라는 조건이 성립된다.)

② 해석조건 : $\left.\begin{array}{l}\sum H = 0 \\ \sum V = 0\end{array}\right\}$ 또는 $R = \sqrt{(\sum H)^2 + (\sum V)^2} = 0$

평형력이란 합력과 크기는 같고 방향이 반대인 힘

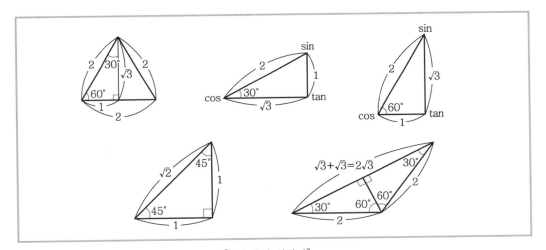

[특수각의 삼각비]

(1) 두 부재가 받는 힘은

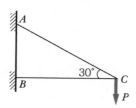

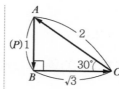

$$AC = \frac{2}{1}P = 2P(\text{인장})$$

$$BC = -\frac{\sqrt{3}}{1}(P) = -\sqrt{3}\,P(\text{압축})$$

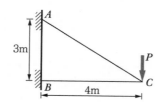

$$AC = \frac{5}{3}P(\text{인장})$$

$$BC = -\frac{4}{3}P(\text{압축})$$

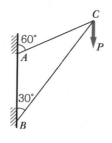

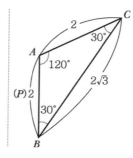

$$AC = \frac{2}{2}P = P(\text{인장})$$

$$BC = -\frac{2\sqrt{3}}{2}P = -\sqrt{3}\,P(\text{압축})$$

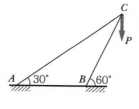

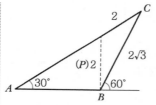

$$AC = \frac{2}{2}P = P(\text{인장})$$

$$BC = -\frac{2\sqrt{3}}{2}P$$
$$= -\sqrt{3}\,P(\text{압축})$$

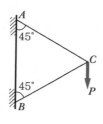

$$AC = \frac{1}{\sqrt{2}}P(\text{인장})$$

$$BC = -\frac{1}{\sqrt{2}}P(\text{압축})$$

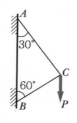

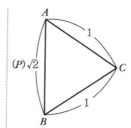

$$AC = \frac{\sqrt{3}}{2}P(\text{인장})$$

$$BC = -\frac{1}{2}P(\text{압축})$$

라미의 정리
 한 점에 작용하는 3개의 힘이 평형을 이루고 있을 때는 이 3개의 힘은 같은 평면상에 있으며, 한 점에서 만난다. 이때
 각각의 힘은 다른 두 힘 사이각 sine에 정비례한다.

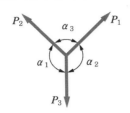

$$\frac{P_1}{\sin\alpha_1}=\frac{P_2}{\sin\alpha_2}=\frac{P_3}{\sin\alpha_3}$$

• 직교한 두 부재가 받는 힘은 자기 sine 값에 작용하중을 곱한 값이다.

①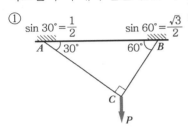

$\sin 30°=\frac{1}{2}$ $\sin 60°=\frac{\sqrt{3}}{2}$

$AC=\frac{1}{2}P,\ BC=\frac{\sqrt{3}}{2}P$

②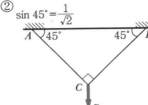

$\sin 45°=\frac{1}{\sqrt{2}}$

$AC=BC=\frac{1}{\sqrt{2}}P$

③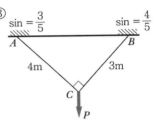

$\sin=\frac{3}{5}$ $\sin=\frac{4}{5}$

$AC=\frac{3}{5}P,\ BC=\frac{4}{5}P$

(2) 두 부재가 대칭일 때 부재가 받는 힘은

①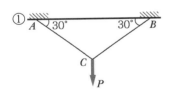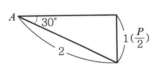

$AC=\frac{2}{1}\left(\frac{P}{2}\right)=P$

②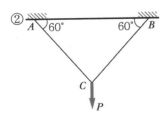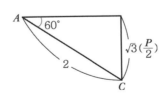

$AC=\frac{2}{\sqrt{3}}\left(\frac{P}{2}\right)=\frac{P}{\sqrt{3}}$

③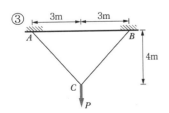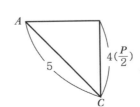

$AC=\frac{5}{4}\left(\frac{P}{2}\right)=\frac{5}{8}P$

2) 한 점에 작용하지 않는 여러 힘의 평형조건

① 도해조건 : $\begin{cases} 시력도가\ 폐합해야\ 한다.\ (합력은\ 영이다.) \\ 연력도가\ 폐합해야\ 한다.\ (모멘트는\ 영이다.) \end{cases}$

② 해석조건 : $\left. \begin{array}{l} \sum H = 0 \\ \sum V = 0 \\ \sum M = 0 \end{array} \right\}$ 또는 $R = 0,\ \sum M = 0$

▍연습문제

예문 01 단위 길이당 질량의 차원은?

정답 $M = \dfrac{FL^2}{L} \times \dfrac{1}{L} = \dfrac{FT^2}{L^2}$

예문 02 단위 길이당 힘의 차원은?

정답 $F = \dfrac{ML}{T^2} \times \dfrac{1}{L} = \dfrac{M}{T^2}$

예문 03 힘의 4요소는?

정답 크기, 방향, 작용점, 작용선

크기	방향	작용점	작용선

3요소

4요소

예문 04 스칼라량과 벡터량을 설명하시오.

정답 물리량의 표현
① 스칼라량 : 크기만을 갖는 것으로 길이, 질량, 속력 등이 있다.
② 벡터량 : 크기와 방향을 갖는 것으로 변위, 무게, 속도, 가속도, 힘 등이 있다.

예문 05 힘의 합력의 크기는 얼마인가?

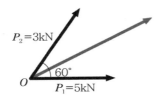

정답 합력 : $R = \sqrt{P_1^2 + P_1^2 + 2P_1P_2\cos\alpha}$

$= \sqrt{5^2 + 3^2 + 2 \times 5 \times 3 \times \cos60°}$

$= 7\text{kN}$

<별해>

$\alpha = 60$이고 $P_1 : P_2 = 3 : 5$이면

합력 $R = 7\text{kN}$이다.

예문 06 다음 모멘트 크기 순서를 구하시오.

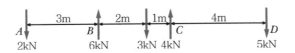

정답 합력 $R = 0$이므로 짝힘이다.

예문 07 그림과 같이 작용할 때 A점에 대한 모멘트는?

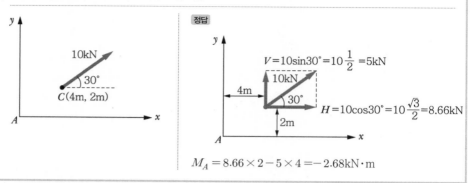

정답

$$M_A = 8.66 \times 2 - 5 \times 4 = -2.68\text{kN}\cdot\text{m}$$

예문 08 그림과 같이 $\triangle AOB$의 면적(A)가 $24\text{N}\cdot\text{m}$ 이라면 힘 P의 크기는?

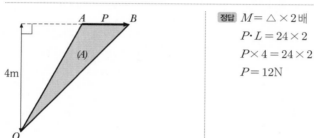

정답 $M = \triangle \times 2$배

$$P \cdot L = 24 \times 2$$

$$P \times 4 = 24 \times 2$$

$$P = 12\text{N}$$

예문 09 다음 그림에서 힘의 O점에 대한 모멘트 값은?

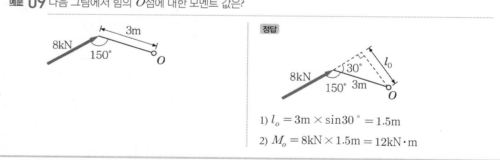

정답

1) $l_o = 3\text{m} \times \sin 30° = 1.5\text{m}$

2) $M_o = 8\text{kN} \times 1.5\text{m} = 12\text{kN}\cdot\text{m}$

예문 10 그림과 같은 힘의 상태에서 합력의 작용점은 O점으로부터 얼마 떨어져 있는가?

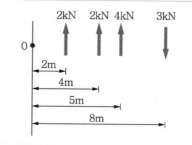

정답 $R = 2 + 2 + 4 - 3 = 5\text{kN} \uparrow$

$$5x = 2 \times 2 + 2 \times 4 + 4 \times 5 - 3 \times 8$$

$$x = \frac{8}{5} = 1.6\text{m}$$

예문 11 다음 T형 단면의 도심거리 y_o는 상단으로부터 얼마인가?

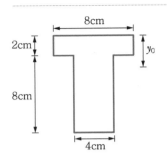

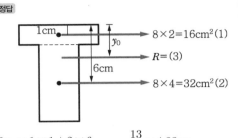

$3y_o = 1 \times 1 + 2 \times 6$ $y_o = \dfrac{13}{3} = 4.33 \text{cm}$

예문 12 다음 그림과 같이 방향이 서로 반대이고, 평행한 두 개의 힘이 A, B점에 작용할 때 두 힘의 합력의 작용점 위치는?

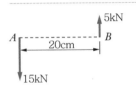

정답 1) 합력(R)

$R = -15\text{kN} + 5\text{kN} = -10\text{kN}$

2) $\Sigma M_B = 10x = -5 \times 20$

$\therefore x = -10\text{cm}$ (왼쪽 방향)

예문 13 다음 그림에서 a, b, c, d점에 대한 모멘트의 크기를 비교하시오.

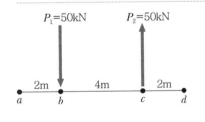

정답

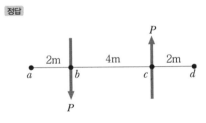

우력모멘트 = $M_a = M_b = M_c = M_d = -4P$

예문 14 그림과 같이 힘을 받을 때 힌지점 O가 받는 합성력은?

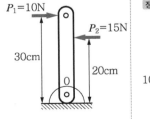

정답

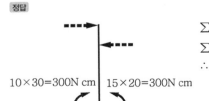

$10 \times 30 = 300\text{N cm}$ $15 \times 20 = 300\text{N cm}$

$\Sigma M_o = 300 - 300 = 0$

$\Sigma H = 10 - 15$

$\therefore H = -5\text{kg}(\leftarrow)$

예문 15 다음과 같이 하중 P가 AC 및 BC 로프의 C점에 작용할 때 AC 부재가 받는 인장력은?

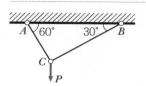

정답 라미의 정리를 적용하면

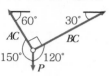

$$\frac{BC}{\sin150°} = \frac{P}{\sin90°} = \frac{AC}{\sin120°}$$

$$AC = \frac{\sqrt{3}}{2}P, \quad BC = \frac{1}{2}P$$

예문 16 다음 힘의 상태에서 A점이 평형이 되려면 평형력의 크기는?

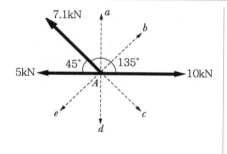

정답

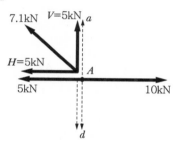

1) $H = 7.1\cos45°$

   $= 7.1\dfrac{1}{\sqrt{2}} = 5\text{kN}$

2) $V = 7.1\sin45°$

   $= 7.1\dfrac{1}{\sqrt{2}} = 5\text{kN}$

예문 17 그림과 같이 ABC의 중앙점에 10kN의 하중을 달았을 때 정지했다면 장력 T의 값은 몇 kN인가?

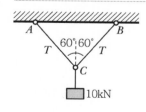

정답

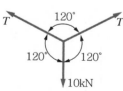

라미의 정리를 이용하면

$$\frac{T}{\sin120°} = \frac{10\text{kN}}{\sin120°}, \quad T = 10\text{kN}$$

예문 18 그림과 같은 구조물을 전도시키는 데 필요한 힘 P의 최소값은?

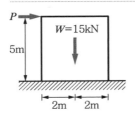

정답

$P \times 5 \leq 15 \times 2$: 안정

$P \times 5 > 15 \times 2$: 불안정

$\therefore P > \dfrac{15 \times 2}{5} = 6\text{kN}$ 이상

으로 작용하면 구조물은 전도한다.

예문 19 그림과 같이 힘의 크기가 같고 작용 방향이 반대이며, 나란한 두 힘에 의해 생기는 우력 모멘트의 크기를 구하시오.(단, 모멘트의 방향은 시계 방향(+), 반시계 방향(-)로 한다.)

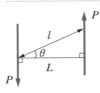

정답 우력 모멘트 $M = -PL$

$\therefore M = -Pl\cos\theta$

예문 20 다음 구조물에서 평형이 되기 위한 A점의 힘 P는?

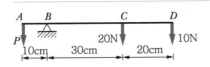

정답 $P \times 10 = 20 \times 30 + 10 \times 50$

$P = \dfrac{600 + 500}{10} = 110\text{N}$

예문 21 그림과 같은 구조물에서 AC 부재가 받는 힘은?

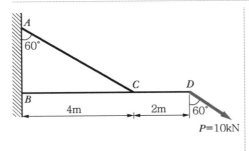

정답

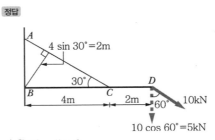

$AC \times 2 = 5 \times 6$

$AC = 15\text{kN}(인장)$

예문 22 그림과 같은 로프에 생기는 힘 P값은 얼마인가?(단, 하중은 로프의 가운데 매달려 있으며 2개의 로프가 이루는 각은 120° 이다.)

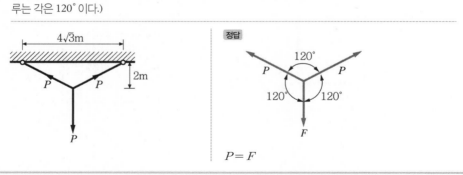

정답

$P = F$

예문 23 그림에서 부재력 AB의 값은?

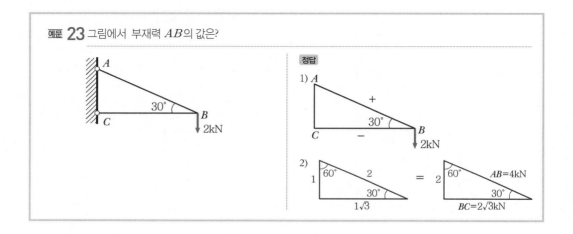

정답

1)

2)

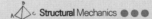

02

단면의 성질

contents

02 단면의 성질

1. 기본도형의 중심

① 직사각형 및 평형사변형

도심은 대각선의 교점 $\left(y_o = \dfrac{h}{2}\right)$

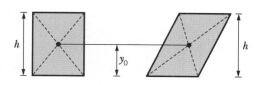

② 원형

원은 그 중심(中心)이 도심이다. $\left(y_o = \dfrac{D}{2} = r\right)$

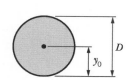

③ 삼각형

도심은 3중선의 교점 $\left(y_1 = \dfrac{h}{3}, \quad y_2 = \dfrac{2}{3}h\right)$

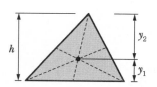

④ 사다리꼴

$y_1 = \dfrac{h}{3} \times \dfrac{2a+b}{a+b}$, $y_2 = \dfrac{h}{3} \times \dfrac{a+2b}{a+b}$

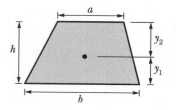

⑤ 포물선 도형 : (처짐 및 처짐각 계산 시 이용)

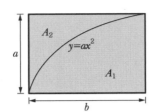

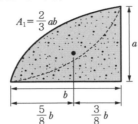

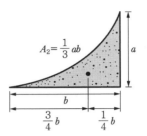

⑥ 반원과 $\dfrac{1}{4}$ 원의 도심 : $y_o = \dfrac{4r}{3\pi}$ (Pappus 정리 이용)

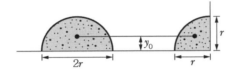

⑦ 반원호와 $\dfrac{1}{4}$ 원호의 도심 : $y_o = \dfrac{2r}{\pi}$ (Pappus 정리 이용)

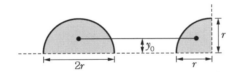

⑧ $x_o = \dfrac{2}{3}a + \dfrac{1}{3}b = \dfrac{2a+b}{3}$

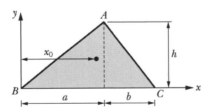

2. 단면 1차 모멘트

1) 공식

① 적분공식

$$G_x = \int_A y\,dA$$

$$G_y = \int_A x\,dA$$

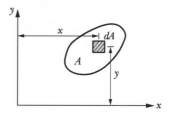

② 기본도형(직사각형, 삼각형, 원형 등)의 면적과 도심을 알고 있을 때

$$G_x = A \cdot y_o$$

$$G_y = A \cdot x_o$$

단면 1차 모멘트 G = (면적) × (도심까지의 거리)

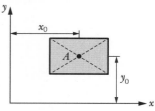

③ 임의 축에 대한 단면 1차 모멘트

$$G_o = A \cdot y_o = bh\frac{h}{2} = \frac{bh^2}{2}$$

$$G_x = A \cdot y = bh\left(\frac{h}{2} + e\right) = \frac{bh^2}{2} + bhe$$

$$\therefore G_x = G_o + A \cdot e$$

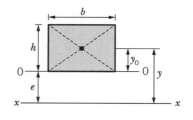

2) 용도

도심의 위치계산, 전단응력도 및 구조물의 안정도 계산

3) 특성

① 단면 1차 모멘트는 좌표축에 따라 (+), (-) 부호를 갖는다.

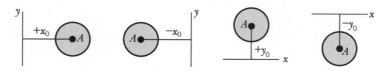

② 도심을 지나는 축에 대한 단면 1차 모멘트는 영이다.

3. 불규칙한 단면의 도심(도형의 중심)

1) 공식

$$x_o = \frac{\sum A \cdot x}{A} = \boxed{\frac{G_y}{A} = \frac{단면 1차 모멘트}{면적}}$$

$$y_o = \frac{\sum A \cdot y}{A} = \boxed{\frac{G_x}{A}}$$

2) 단면의 증가로 인한 도심의 이동량

도심의 이동량 δ는 단면적 A_1, A_2를 힘으로 생각하여 바리뇽의 정리를 적용한다.

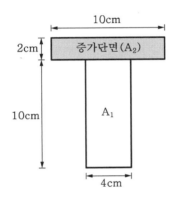

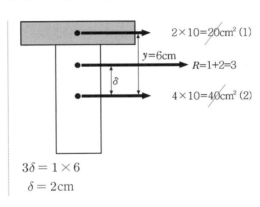

4. 단면상승 모멘트(관성상승 모멘트)

1) 공식

단면적(A)의 미소면적(dA)에 x, y축에서부터 미소면적까지 거리를 x_0, y_0라 할 때 x, y, dA를 전단면에 걸쳐 적분한 것을 단면상승 모멘트(Polar Moment of Intertia)라 한다.[단위 : cm^4, m^4]

$$I_{xy} = \int_A x_0 \cdot y_0 \cdot dA$$

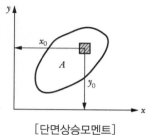

[단면상승모멘트]

> 주 도심축에 대한 단면상승모멘트는 0이다.(대칭단면일 때)

$$\therefore I_{xy} = x_0 \cdot y_0 \cdot A$$

2) 여러 단면의 단면상승모멘트

(1) 대칭 단면일 때 $\quad I_{xy} = A \cdot x_o \cdot y_o$

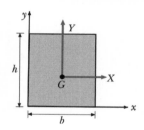

(a) 도심에 대한 $I_{XY} = 0$

(b) x, y축에 대한

$$I_{xy} = A \cdot x_o \cdot y_o$$

$$= bh \cdot \frac{b}{2} \cdot \frac{h}{2} = \frac{b^2 h^2}{4}$$

(2) 비대칭 단면일 때 $\quad I_{xy} = \int_A x \cdot y \, dA$

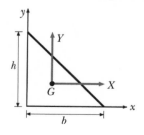

(a) x, y축에 대한 $I_{xy} = \dfrac{b^2 h^2}{24}$

(b) 도심에 대한 $I_{XY} = -\dfrac{b^2 h^2}{72}$

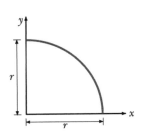

$$I_{xy} = \frac{r^4}{8}$$

3) 용도

단면의 주축, 최소 단면 2차 반경계산 등 주로 압축을 받는 장주의 설계

4) 특성

① 단면상승 모멘트는 좌표축에 따라 (+), (−) 부호를 갖는다.

② 대칭단면이고 두 축 중에서 한 축이 대칭축일 때 단면상승 모멘트는 0이 된다.

③ 대칭단면이고 두 축이 도심을 지날 때 단면상승 모멘트는 0이 된다.

④ 단면상승 모멘트가 0이 되는 두 축을 공액축이라 한다.

⑤ 단면상승 모멘트가 0이 되는 직교한 두 축을 주축이라 한다.

5. 단면 2차 모멘트(관성 모멘트)

1) 정의

단면적(A)을 미소면적($dA_1,\ dA_2\ \cdots\ dA_N$)으로 구분하여 구하는 축에서 미소면적까지 거리($x_1,$ $x_2\ \cdots\ x_n$), ($y_1,\ y_2,\ \cdots y_n$)를 제곱하여 전단면에 대해 적분한 것을 단면 2차 모멘트(관성 모멘트)라 한다.[단위 cm^4, m^4]

$$I_X = \int_A y^2 dA$$
$$I_Y = \int_A x^2 dA$$

즉, $I_X = dA_1 \times y_1^2 + dA_2 \times y_2^2 + \cdots\cdots + dA_n \times y_n^2$

$$= \Sigma dA \cdot y^2 = \int A \cdot y^2$$

$I_Y = dA_1 \times x_1^2 + dA_2 \times x_2^2 + \cdots\cdots + dA_n \times x_n^2$

$$= \Sigma dA \cdot x^2 = \int A \cdot x^2$$

2) 기본 단면의 도심축에 대한 단면 2차 모멘트

① 직사각형

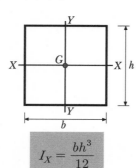

$$I_X = \frac{bh^3}{12}$$

② 삼각형

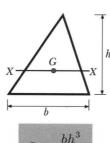

$$I_X = \frac{bh^3}{36}$$

③ 원형

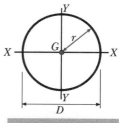

$$I_X = \frac{\pi D^4}{64} = \frac{\pi r^4}{4}$$

[기본 단면의 도심축에 대한 단면 2차 모멘트]

3) 도심축에 평행한 임의 축에 대한 단면 2차 모멘트

$$I_x = \int_A y^2 \cdot dA = I_{xo} + A \cdot y_o^2$$

$$= (\text{도심에 대한 } I) + (\text{면적}) \times (\text{도심까지의 거리})$$

$$I_y = \int_A x^2 dA = I_{yo} + A \cdot x_o^2$$

$$I_x = I_X + A \cdot y_0^2$$
$$I_y = I_Y + A \cdot x_0^2$$

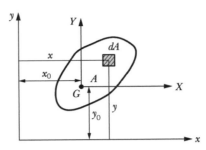

4) 기본 도형의 단면 2차 모멘트

- 삼각형 :

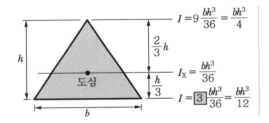

$$I = 9\frac{bh^3}{36} = \frac{bh^3}{4}$$

$$I_X = \frac{bh^3}{36}$$

$$I = \boxed{3}\frac{bh^3}{36} = \frac{bh^3}{12}$$

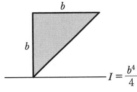

$$I = \frac{b^4}{4}$$

- 직사각형 : 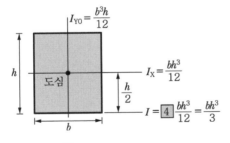 4

$$I_{Y0} = \frac{b^3 h}{12}$$

$$I_X = \frac{bh^3}{12}$$

$$I = \boxed{4}\frac{bh^3}{12} = \frac{bh^3}{3}$$

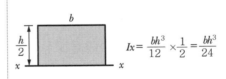

$$Ix = \frac{bh^3}{12} \times \frac{1}{2} = \frac{bh^3}{24}$$

- 원형 : 5

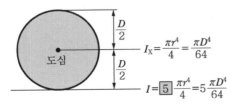

$$I_X = \frac{\pi r^4}{4} = \frac{\pi D^4}{64}$$

$$I = \boxed{5}\frac{\pi r^4}{4} = 5\frac{\pi D^4}{64}$$

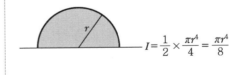

$$I = \frac{1}{2} \times \frac{\pi r^4}{4} = \frac{\pi r^4}{8}$$

• 정사각형 및 정가각형 마름모꼴

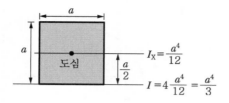

$I_X = \dfrac{a^4}{12}$

$I = 4\dfrac{a^4}{12} = \dfrac{a^4}{3}$

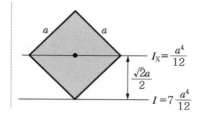

$I_X = \dfrac{a^4}{12}$

$I = 7\dfrac{a^4}{12}$

5) 용도

① 단면계수와 단면 2차 반경(회전반경)의 계산
② 강비, 처짐량, 좌굴하중의 계산
③ 휨응력도, 전단응력도의 계산
④ 단면 극 2차 모멘트, 단면의 주축 계산

6) 특성

① 단면 2차 모멘트는 면적에 거리의 제곱을 곱한 값이므로 좌표축에 관계없이 항상 (+)의 부호를 갖는다. 단위는 cm^4, m^4 등으로 표현된다.
② 나란한 축에 대한 단면 2차 모멘트 중에서 도심축에 대한 단면 2차 모멘트가 최소이며 0은 아니다.
③ 정삼각형, 정사각형, 정다각형의 도심에 대한 단면 2차 모멘트는 축의 회전에 관계 없이 모두 같다.
④ 단면 2차 모멘트가 크면 휨강성(EI)이 크므로 구조적으로 안전하다.
⑤ 단면 2차 모멘트를 크게 하기 위해서는 단면의 폭 b보다 높이 h를 크게 해야 한다.

7) 임의축 단면 2차 모멘트를 이용한 도심축의 단면 2차 모멘트 계산

$$I_X = I_x - A \cdot y^2$$

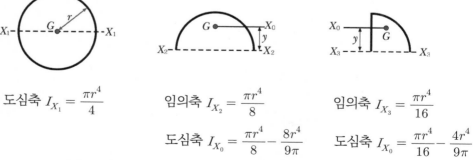

도심축 $I_{X_1} = \dfrac{\pi r^4}{4}$

임의축 $I_{X_2} = \dfrac{\pi r^4}{8}$

도심축 $I_{X_0} = \dfrac{\pi r^4}{8} - \dfrac{8r^4}{9\pi}$

임의축 $I_{X_3} = \dfrac{\pi r^4}{16}$

도심축 $I_{X_0} = \dfrac{\pi r^4}{16} - \dfrac{4r^4}{9\pi}$

[임의축 단면 2차 모멘트를 이용한 도심축 단면 2차 모멘트]

6. 단면 2차 극모멘트(극관성 모멘트)

1) 공식

단면적(A)의 미소면적(dA)에 임의점 극점(0)에서 미소면적까지 거리(ρ)의 제곱을 곱한 것을 전단면에 걸쳐 적분한 것을 단면 2차 극모멘트(Polar Moment of Inertia)라 한다.[단위 : cm^4, m^4]

$$I_{P=}\int_A \rho^2 dA$$

그림에서 $\rho^2 = y^2 + x^2$

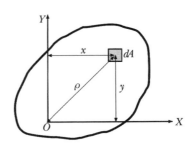

$$\boxed{I_P = \int_A (y^2 + x^2)dA}$$

$$= \int_A \cdot y^2 dA + \int_A \cdot x^2 dA = \boxed{I_X + I_Y}$$

$I_X = I_Y$인 경우 $I_P = 2I_X = 2I_Y$

단면 2차 극모멘트는 좌표축의 회전에 관계없이 항상 일정하다.

---

2) 도심축에 평행한 임의 축의 단면 2차 극모멘트

$$I_p = I_x + I_y$$
$$= (I_X + A \cdot y_0^2) + (I_Y + A \cdot x_0^2)$$

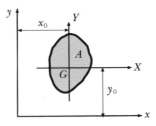

[도심축에 평행한 축의 단면 2차 모멘트]

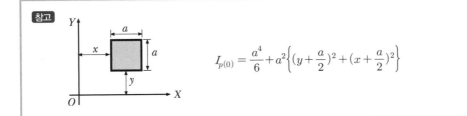

참고

$$I_{p(0)} = \frac{a^4}{6} + a^2\left\{(y + \frac{a}{2})^2 + (x + \frac{a}{2})^2\right\}$$

• 극 2차 모멘트는 두 직교축에 대한 단면 2차 모멘트의 합과 같다.
• 원과 정방형과 같이 두 직교축이 대칭일 경우 $I_x = I_y$이므로 도심에 대한 극2차 모멘트 $I_P = 2I_X = 2I_Y$와 같다.

3) 용도

접합부(리벳 및 볼트)와 같이 비틀림을 받는 부재의 비틀림 응력도의 계산

4) 특성

단면 2차 극모멘트는 좌표축의 회전에 관계없이 항상 일정하다.

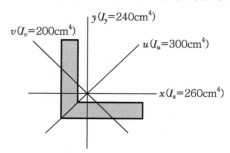

$$I_P = I_X + I_Y = I_U + I_V$$

5) 기본도형의 극관성 모멘트

① 직사각형

(a) 도심에 대한 $I_P = I_{Xo} + I_{Yo} = \dfrac{bh^3}{12} + \dfrac{b^3h}{12} = \dfrac{bh}{12}(b^2 + h^2)$

(b) 0점에 대한 $I_P = I_X + I_Y = \dfrac{bh^3}{3} + \dfrac{b^3h}{3} = \dfrac{bh}{3}(b^2 + h^2)$

② 원형

(a) 도심에 대한 $I_P = I_{Xo} + I_{Yo} = 2I_{Xo} = 2I_{Yo} = 2\dfrac{\pi D^4}{64} = \dfrac{\pi D^4}{32}$

(b) 원주상의 한 점 0에 대한

$I_P =$ (도심에 대한 I)+(원주상의 접선축에 대한 I)

$$I_P = \dfrac{\pi r^4}{4} + \dfrac{5\pi r^4}{4} = \dfrac{6}{4}\pi r^4 = \dfrac{3}{2}\pi r^4$$

참고

원형 단면의 극관성 모멘트(I_P)는 원형 단면의 비틀림 상수(J)와 같다.

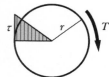

T (비틀림 모멘트)

비틀림 응력 : $\tau = \dfrac{T \cdot r}{J} = \dfrac{T \cdot r}{I_P} = \dfrac{T \cdot \dfrac{D}{2}}{\dfrac{\pi D^4}{32}} = \dfrac{16\,T}{\pi D^3}$

---

7. 단면계수(휨강도계수)

1) 공식

① 대칭축에 대한 단면계수

$$Z = \frac{I}{y} = \frac{\text{도심에 대한 단면2차 모멘트}}{\text{도심축으로부터 연단까지의 거리}}$$

② 비대칭축에 대한 단면계수

$$Z_1 = \frac{I}{y_1} = \frac{\text{도심에 대한 단면2차 모멘트}}{\text{도심축으로부터 상단까지의 거리}}$$

$$Z_2 = \frac{I}{y_2} = \frac{\text{도심에 대한 단면2차 모멘트}}{\text{도심축으로부터 하단까지의 거리}}$$

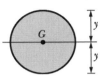

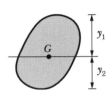

Z_1과 Z_2의 값이 다를 때는 휨응력 계산 시 작은 값을 택한다.

2) 용도

휨응력도의 계산

3) 특성

① 단면 계수를 크게 하기 위해서는 단면의 폭 b보다 높이 h를 크게 해야 한다.
② 단면계수가 크다는 것은 재료의 강도가 크다는 것이다.
③ 단면계수가 큰 부재일수록 휨에 대하여 강하며, 최대 강도를 갖는 단면을 구하는 데 이용한다.

4) 기본 도형의 단면계수

• 직사각형(대칭도형)

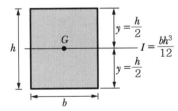

$$y = \frac{h}{2}$$
$$I = \frac{bh^3}{12}$$
$$y = \frac{h}{2}$$

$$Z = \frac{I}{y} = \frac{\frac{bh^3}{12}}{\frac{h}{2}} \quad \therefore Z = \frac{bh^2}{6}$$

직사각형 보의 휨응력도

$$\sigma = \frac{M}{Z} = \frac{M}{\frac{bh^2}{6}}$$

$$\therefore \sigma = \frac{6M}{bh^2}$$

• 원형(대칭도형)

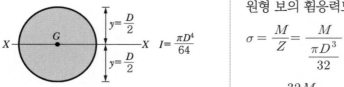

$$I = \frac{\pi D^4}{64}$$

$$Z = \frac{I}{y} = \frac{\dfrac{\pi D^4}{64}}{\dfrac{D}{2}} \quad \therefore \boxed{Z = \frac{\pi D^3}{32}}$$

원형 보의 휨응력도

$$\sigma = \frac{M}{Z} = \frac{M}{\dfrac{\pi D^3}{32}}$$

$$\therefore \sigma = \frac{32M}{\pi D^3}$$

• 삼각형(비대칭도형)

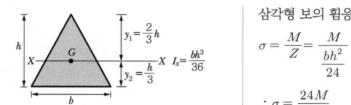

$$I_x = \frac{bh^3}{36}$$

$$Z_1 = \frac{I}{y_1} = \frac{\dfrac{bh^3}{36}}{\dfrac{2h}{3}} = \boxed{\frac{bh^2}{24}}$$

$$Z_2 = \frac{I}{y_2} = \frac{\dfrac{bh^3}{36}}{\dfrac{h}{3}} = \boxed{\frac{bh^2}{12}}$$

삼각형 보의 휨응력도

$$\sigma = \frac{M}{Z} = \frac{M}{\dfrac{bh^2}{24}}$$

$$\therefore \sigma = \frac{24M}{bh^2}$$

• 정사각형과 정사각 마름모꼴의 단면계수 비

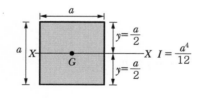

(A)

$$Z_{(A)} = \frac{I}{y} = \frac{\dfrac{a^4}{12}}{\dfrac{a}{2}} = \boxed{\frac{a^3}{6}}$$

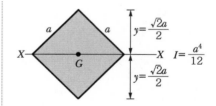

(B)

$$Z_{(B)} = \frac{I}{y} = \frac{\dfrac{a^4}{12}}{\dfrac{\sqrt{2}\,a}{2}} = \boxed{\frac{a^3}{6\sqrt{2}}}$$

$$Z_{(A)} : Z_{(B)} = \frac{a^3}{6} : \frac{a^3}{6\sqrt{2}} = \sqrt{2} : 1$$

8. 단면 2차 반경(회전반경)

1) 공식

① 도심에 대한 회전반경

$$r_x = \sqrt{\frac{I_x}{A}}$$

$$r_y = \sqrt{\frac{I_y}{A}}$$

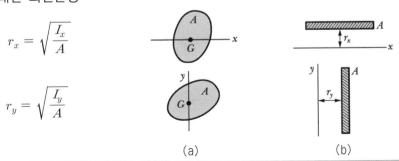

(a)　　　　　(b)

> 그림(a)와 같은 x축, y축에 관한 관성모멘트 I_x, I_y를 갖는 면적 A를 그림(b)와 같이 집중된 면적 A로 분포시켜 x, y축에 대한 등가의 관성모멘트를 같게 했을 때 거리 r_x, r_y가 회전반경이다.

2) 기본도형의 회전반경

• 직사각형($b < h$)

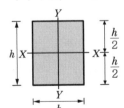

직사각형 기둥의 세장비

$$\lambda = \frac{l}{r_{\min}} = \frac{l}{\dfrac{b}{2\sqrt{3}}} \qquad \therefore \lambda = 2\sqrt{3}\,\frac{l}{b}$$

$$r_X = r_{\max} = \sqrt{\frac{I_X}{A}} = \sqrt{\frac{\dfrac{bh^3}{12}}{bh}} = \sqrt{\frac{h^2}{12}} = \boxed{\frac{h}{2\sqrt{3}}}$$

$$r_Y = r_{\min} = \sqrt{\frac{I_Y}{A}} = \sqrt{\frac{\dfrac{b^3h}{12}}{bh}} = \sqrt{\frac{b^2}{12}} = \boxed{\frac{b}{2\sqrt{3}}}$$

• 삼각형

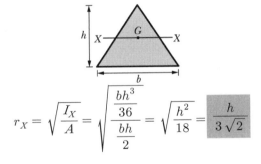

삼각형 기둥의 세장비

$$\lambda = \frac{l}{r} = \frac{l}{\dfrac{h}{3\sqrt{2}}} \qquad \therefore \lambda = 3\sqrt{2}\,\frac{l}{h}$$

$$r_X = \sqrt{\frac{I_X}{A}} = \sqrt{\frac{\dfrac{bh^3}{36}}{\dfrac{bh}{2}}} = \sqrt{\frac{h^2}{18}} = \boxed{\frac{h}{3\sqrt{2}}}$$

• 원형

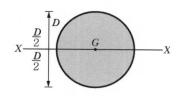

원형 기둥의 세장비

$$\lambda = \frac{l}{r} = \frac{l}{\dfrac{D}{4}}$$

$$\therefore \lambda = \frac{4l}{D}$$

$$r_X = \sqrt{\frac{I_X}{A}} = \sqrt{\frac{\dfrac{\pi D^4}{64}}{\dfrac{\pi D^2}{4}}} = \sqrt{\frac{D^2}{16}} = \boxed{\frac{D}{4}}$$

3) 임의 축에 대한 회전반경

$$I_X = I_{xo} + A \cdot y_o^2$$

$$r_X^2 \cdot A = r_x^2 A + A \cdot y_o^2$$

$$\therefore r_x^2 = r_X^2 - y_o^2 \rightarrow r_X = \sqrt{r_x^2 + y_o^2}$$

또는

$$r_x^2 = r_X^2 - y_o^2 \rightarrow r_x = \sqrt{r_{X^2} - y_o^2}$$

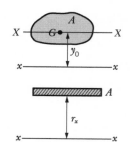

공식

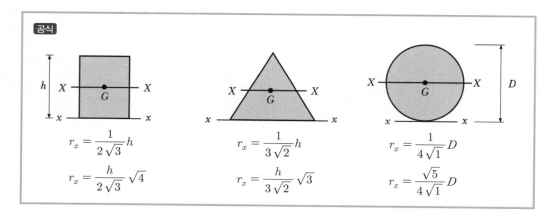

$$r_x = \frac{1}{2\sqrt{3}}h$$

$$r_x = \frac{h}{2\sqrt{3}}\sqrt{4}$$

$$r_x = \frac{1}{3\sqrt{2}}h$$

$$r_x = \frac{h}{3\sqrt{2}}\sqrt{3}$$

$$r_x = \frac{1}{4\sqrt{1}}D$$

$$r_x = \frac{\sqrt{5}}{4\sqrt{1}}D$$

9. 단면의 주축

1) 정의

임의 단면의 여러 직교 좌표축(회전축) 중에서 단면 2차 모멘트가 최대·최소가 되는 두 축을 주축이라 한다.

2) 특성

① 주축에 대한 단면 상승 모멘트는 0이다.

② 주축에 대한 단면 2차 모멘트는 그 점을 지나는 다른 어떤 축에 대한 것보다 최대 또는 최소가 된다.

③ 단면이 대칭일 때는 그의 대칭축에 대한 단면상승 모멘트는 0이므로 대칭축은 그 단면의 주축의 하나이다.(즉, 모든 대칭축은 주축이 되며 그 축에 직교하는 비대칭축도 주축이 된다.)

④ 정다각형이나 원형 단면은 대칭축이 여러 개 있으므로 주축은 여러 개이다.

3) 주축의 방향

$$\tan 2\theta = -\frac{2I_{xy}}{I_x - I_y} \quad \text{또는} \quad \tan 2\theta = \frac{2I_{xy}}{I_y - I_x}$$

4) 용도

최소 단면 2차 반경의 계산으로 장주의 좌굴에 대한 안전한 단면설계

5) 기본 도형의 주축

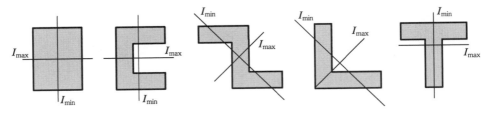

▎연습문제

예문 01 다음 도심거리 $\bar{y}$는?

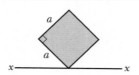

정답

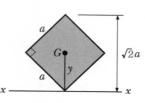

$$y = \frac{\sqrt{2}a}{2} = \frac{a}{\sqrt{2}}$$

예문 02 다음 사다리꼴의 도심위치는?

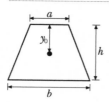

정답 $y_0 = \dfrac{h(a+2b)}{3(a+b)}$

예문 03 다음 그림과 같은 포물선에서 도심거리 $\bar{x}$와 $\bar{y}$는?

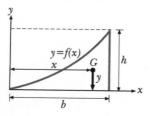

정답

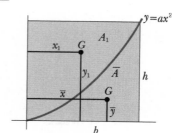

2차 포물선의 도심위치

1) $\bar{A} = \dfrac{2}{3}bh$

$\bar{x} = \dfrac{3}{4}b,\ \bar{y} = \dfrac{3}{10}h$

2) $A_1 = \dfrac{2}{3}bh$

$x_1 = \dfrac{3}{8}b,\ y_1 = \dfrac{3}{5}h$

예문 04 도심점 x_0 의 위치는?

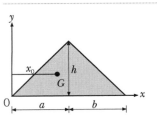

정답 $\dfrac{l+a}{3}$

예문 05 다음 그림과 같은 반지름 r인 반원의 x축에 대한 단면 1차모멘트는?

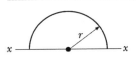

정답 $G_X = A \cdot y_o = \dfrac{1}{2}\pi r^2 \times \dfrac{4r}{3\pi} = \dfrac{2r^3}{3}$

예문 06 다음 그림과 같은 도형의 X축에 대한 단면 1차모멘트를 구하시오.

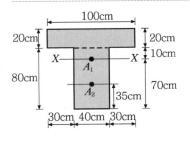

정답

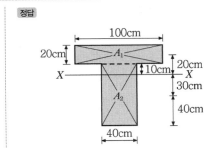

$$G_x = A_1 y_1 + A_2 y_2$$
$$= 100 \times 20 \times (10+10)$$
$$+ 40 \times 80 \times [-(40-10)]$$
$$= (100 \times 20 \times 20) - (40 \times 80 \times 30)$$

예문 07 다음 그림과 같은 도형의 X축에 대한 단면 1차모멘트의 값은?

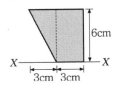

정답

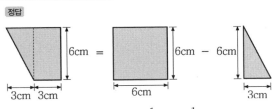

$$G_X = (6 \times 6)(3) - (6 \times 3 \times \frac{1}{2})(6 \times \frac{1}{3}) = 108 - 18$$
$$= 90\,\text{cm}^3$$

예문 08 단면 1차 모멘트가 $G_Z = 12,000\text{cm}^2$인 구형 단면의 높이가 40cm일 때 폭은?

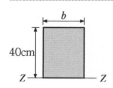

정답 $G_Z = Ay$

$$12,000 = (b \times 40)\left(\frac{40}{2}\right)$$

$$b = 15\text{cm}$$

예문 09 그림과 같은 도형에서 x축에 대한 도심의 위치 y는?

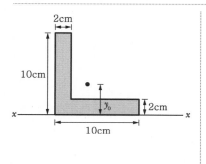

정답

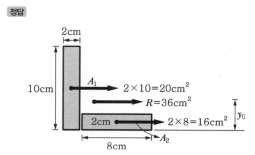

$$36y_o = 20 \times 5 + 16 \times 1, \ y_o = \frac{116}{36} = 3.2\text{cm}$$

예문 10 그림과 같은 도형의 도심 y_o는?

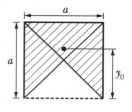

정답

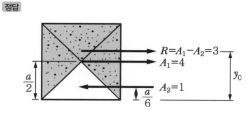

$$3y_o = 4 \times \frac{a}{2} - 1 \times \frac{a}{6}, \ y_o = \frac{12a}{18} - \frac{a}{18} = \frac{11}{18}a$$

예문 11 그림과 같은 이등변 삼각형의 x, y축에 대한 상승 모멘트는?

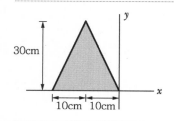

정답 $y = \frac{30}{3} = 10\text{cm}, \ x = 10\text{cm}$

$$I_{xy} = \frac{20 \times 30}{2} \times (10)(-10) = -3,000\text{cm}^4$$

예문 12 그림과 같은 단면에서 a에 비해 t가 극히 작은 경우 도심의 위치 y는?

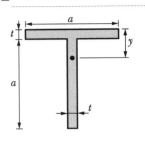

정답

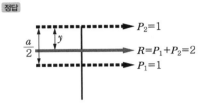

$$2y = 1 \times \frac{a}{2}$$

$$\therefore y = \frac{1}{4}a$$

예문 13 다음 그림의 빗금 친 부분의 단면적이 A인 단면에서 도심 y를 구하시오.

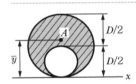

정답 $\therefore y = \dfrac{G_x}{A} = \dfrac{\dfrac{7}{64}\pi D^3}{\dfrac{3}{16}\pi D^2} = \dfrac{7}{12}D$

예문 14 그림과 같은 단면의 x, y축에 대한 단면상승모멘트 I_{xy}는 얼마인가?

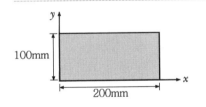

정답 $I_{xy} = A \cdot x \cdot y$
$= (100 \times 200) \times 100 \times 50$
$= 100,000,000\,\mathrm{mm}^4$

예문 15 다음과 같은 그림에서 X, Y축에 대한 상승모멘트 값은?

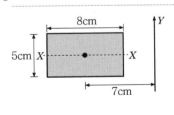

정답

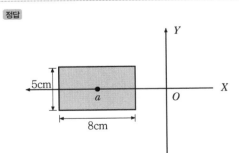

대칭도형에서 도심축 $I_{xy} = 0$이다

예문 16 다음과 같은 그림의 도형에서 x, y축에 대한 단면상승모멘트 값은?

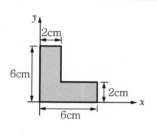

정답

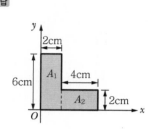

$$I_{xy} = (A_1 x_1 y_1) + (A_2 x_2 y_2)$$
$$= (2 \times 6 \times 1 \times 3) + (4 \times 2 \times 4 \times 1)$$
$$= 36 + 32 = 68 \text{cm}^4$$

예문 17 다음 그림과 같은 정사각형($abcd$)의 단면에 대하여 xy축에 대한 단면상승모멘트(I_{xy}) 값은?

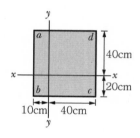

정답

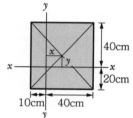

$$I_{xy} = Axy$$
$$= \frac{50 \times 60}{A} \times \frac{15}{x} \times \frac{10}{y}$$
$$= 4.5 \times 10^5 \text{cm}^4$$

예문 18 다음 그림과 같은 직사각형 단면에서 x축과 y축이 도심을 지날 때, x축에 대한 단면 2차 모멘트 I_x와 y축에 대한 단면 2차 모멘트 I_x의 비($I_x : I_y$)는?

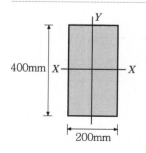

정답 $I_x : I_y$

$$\frac{1}{12}(2)(4)^3 : \frac{1}{12}(2)^3(4)$$
$$4^2 : 2^2$$
$$16 : 4$$
$$4 : 1$$

예문 19 다음 사선친 도형의 x, y축에 대한 상승 모멘트는?

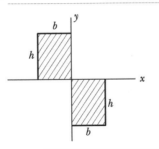

정답 $I_{xy} = -2(A \cdot x_o \cdot y_o) = -2\dfrac{b^2 h^2}{4}$

$$\therefore I_{xy} = -\dfrac{b^2 h^2}{2}$$

예문 20 그림과 같은 단면의 $X-X$축에 대한 단면 2차 모멘트 I_{X-X}를 구하시오.

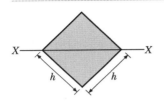

정답 $I_X = \dfrac{bh^3}{12} = \dfrac{h^4}{12}$

$I_X = \dfrac{a^4}{12}$ $I_X = \dfrac{a^4}{12}$

예문 21 다음 그림 같은 단면의 도심 G를 지나고 밑변에 나란한 X축에 대한 단면 2차 모멘트의 값은?

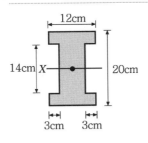

정답 $I_X = \dfrac{BH^3}{12} - \dfrac{bh^3}{12}$

$= \dfrac{12 \times 20^3}{12} - \dfrac{6 \times 14^3}{12}$

$= 6,628 \text{cm}^4$

예문 22 단면의 성질에 관한 특징을 4가지 서술하시오.

정답 ① 단면의 도심을 지나는 축에 대한 단면 1차 모멘트는 0이다.
② 단면상의 서로 평행한 축에 대한 단면 2차 모멘트 중 도심축에 대한 단면 2차 모멘트가 최소이다.
③ 단면의 주축에 대한 단면상승모멘트는 0이다
④ 동일 원점에 대한 단면극2차모멘트 값은 직교좌표축의 회전에 관계없이 일정하다.

예문 23 밑변이 b이고 높이고 h인 직사각형 단면의 수평 도심축에 대한 단면 2차 모멘트를 I_1이라 하고, 밑변이 b이고 높이가 h인 삼각형 단면의 수평 도심축에 대한 단면 2차 모멘트를 I_2라고 할 때, I_1/I_2의 값은?

정답

1)

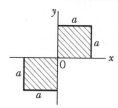

$$I_2 = \frac{bh^3}{36}$$

(삼각형 도형, X_2 축, 도심 G, 높이 h, 밑변 b)

2)

(직사각형 도형, X_1 축, 도심 G, 높이 h, 밑변 b)

$$I_1 = \frac{bh^3}{12}$$

3)

$$\frac{I_1}{I_2} = \frac{\frac{1}{12}bh^3}{\frac{1}{36}bh^3} = \frac{36}{12} = 3$$

예문 24 다음 사선 친 도형에서 0점에 대한 I_P는?

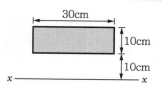

정답 $I_P = 2(2I_X) = 2\left(\frac{2}{3}a^4\right)$

$$\therefore I_P = \frac{4}{3}a^4 = 1.33a^4$$

예문 25 그림과 같은 직사각형 단면의 x축에 대한 단면 2차 모멘트는?

(직사각형 단면, 가로 30cm, 세로 10cm, 아래 10cm 떨어진 x축)

정답 $I_x = I_o + Ay^2 = \dfrac{bh^3}{12} + bh \cdot y^2$

$$\therefore I_x = \frac{30 \times 1,000}{12} + 30 \times 10 \times (15 \times 15)$$

$$= 70,000 \, \text{cm}^4$$

예문 26 그림에서 $A-A$축에 대한 단면 2차 모멘트는?

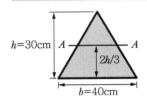

정답 $I_A = I_X + Ay^2$

$$= \frac{bh^3}{36} + \frac{1}{2}bh\left(\frac{h}{3}\right)^2 = \frac{bh^3}{12}$$

$$= \frac{40 \times 30^3}{12} = 90,000\text{cm}^4$$

예문 27 다음 그림과 같은 이등변삼각형에서 Y축에 대한 단면 2차 모멘트 값은?

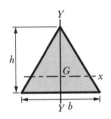

정답 $I_Y = 2 \times \dfrac{h\left(\dfrac{b}{2}\right)^3}{12} = \dfrac{hb^3}{48}$

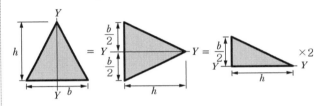

예문 28 다음 그림 같은 도형에서 X축에 대한 단면 2차 모멘트 I_X의 값은?

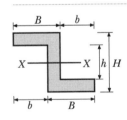

정답

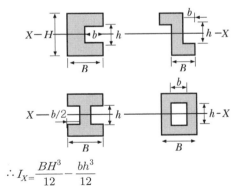

$$\therefore I_X = \frac{BH^3}{12} - \frac{bh^3}{12}$$

예문 29 폭이 3cm 이고 높이가 4cm 인 직사각형 단면에서 단면 중심에 대한 단면극 2차 모멘트(I_P) 값은?

정답 $I_P = I_X + I_Y = \dfrac{bh^3}{12} + \dfrac{b^3h}{12} = \dfrac{3 \times 4^3}{12} + \dfrac{3^3 \times 4}{12} = 16 + 9 = 25\text{cm}^4$

예문 30 x축에 대한 단면 2차 모멘트 $1.6 \times 10^5 \text{cm}^4$ 일 때 도심축에 대한 단면 2차 모멘트 I_X는? (단면적 $A = 160\text{cm}^2$)

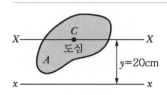

정답 $I_x = I_X + Ay^2$

$$I_X = I_x - A \cdot y^2 = 1.6 \times 10^5 - 160(20 \times 20)$$
$$= 160,000 - 64,000$$
$$= 96,000 = 9.6 \times 10^4 (\text{cm}^4)$$

예문 31 다음 그림과 같은 단면에서 중립축 상단의 단면계수는?

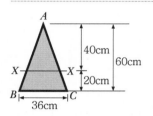

정답 $Z = \dfrac{I_X}{y_C} = \dfrac{\dfrac{bh^3}{36}}{\dfrac{2h}{3}} = \dfrac{bh^2}{24} = \dfrac{36 \times 60^2}{24}$

$$= 5,400 \text{cm}^3$$

예문 32 다음 그림과 같은 단면에서 두 부재의 휨에 대한 A : B 강도비를 구하시오.

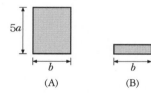

(A)　　　(B)

정답 $Z_{(A)} : Z_{(B)}$

$$\dfrac{b(5a)^2}{6} : \dfrac{b(a)^2}{6}$$

$$25 : 1$$

예문 33 다음 그림과 같이 동일 단면적을 가진 보 A, B, C에 대한 휨모멘트의 저항비는?

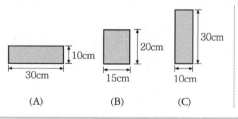

(A)　　　(B)　　　(C)

정답 $Z = \dfrac{bh^2}{6}$

$$Z_{(A)} = \dfrac{30 \times 10^2}{6} \quad \dfrac{15 \times 20^2}{6} \quad \dfrac{10 \times 30^2}{6}$$

$$10 : 20 : 30$$
$$1 : 2 : 3$$

예문 34 한 변이 12cm인 정삼각형의 도심을 지나는 축에 대한 단면 2차 반경은?

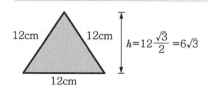

$h = 12\dfrac{\sqrt{3}}{2} = 6\sqrt{3}$

정답 $\therefore r = \dfrac{6\sqrt{3}}{3\sqrt{2}} = \dfrac{6\sqrt{3}}{3\sqrt{2}}\left(\dfrac{\sqrt{2}}{\sqrt{2}}\right)$

$$r = \sqrt{6} \,(\text{cm})$$

예문 35 단면의 높이 h, 폭이 b인 직사각형 부재의 강축에 대한 단면 2차 모멘트(I), 단면계수(Z), 단면2차반경(i)을 구하시오.

정답

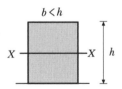

$b < h$

$$I_X = \frac{bh^3}{12} \quad Z_X = \frac{bh^2}{6} \quad r_x = \frac{h}{2\sqrt{3}}$$

예문 36 폭이 12cm 단면이 밑변을 지나는 $X-X$축에 대한 단면 2차 모멘트가 $108,000\text{cm}^4$일 때, 이 단면의 단면2차 반지름은?

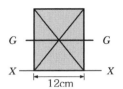

12cm

정답 1) $\dfrac{bh^3}{3} = 108,000$

$$\frac{12 \times h^3}{3} = 108,000$$

$$h = 30\text{cm}$$

2) $r_x = \dfrac{h}{2\sqrt{3}} \sqrt{4}$

$$= \frac{30}{\sqrt{3}}$$

$$= 10\sqrt{3}\,\text{cm}$$

예문 37 다음 그림과 같은 지름 d인 원형 단면에서 최대 단면계수를 갖는 직사각형 단면을 얻으려면 b/h는?

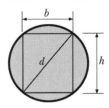

정답 1) $d^2 = b^2 + h^2 \rightarrow h^2 = d^2 - b^2$

2) $Z = \dfrac{bh^2}{6} = \dfrac{1}{6}b(d^2 - b^2) = \dfrac{1}{6}(d^2 b - b^3)$

3) $\dfrac{dZ}{db} = \dfrac{1}{6}(d^2 - 3b^2) = 0$

$$b = \sqrt{\frac{1}{3}}\,d, \quad h = \sqrt{\frac{2}{3}}\,d$$

$$\frac{b}{h} = \frac{1}{\sqrt{2}}$$

암기

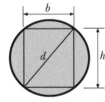

$b : h : d = \sqrt{1} : \sqrt{2} : \sqrt{3}$

예문 **38** 다음 그림과 같은 직사각형 단면의 주축에 대한 단면 2차 모멘트의 합을 구하시오.

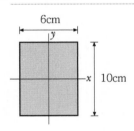

정답 $I_x + I_y = \dfrac{6 \times 10^3}{12} + \dfrac{10 \times 6^3}{12} = 680 \text{cm}^4$

예문 **39** 다음의 반지름 r인 원형 단면의 원주상 한 점에 대한 단면 2차 모멘트는?

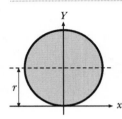

정답 $I_P = I_x + I_Y = \dfrac{5\pi r^4}{4} + \dfrac{\pi r^4}{4}$

$= \dfrac{6\pi r^4}{4} = \dfrac{3\pi r^4}{2}$

예문 **40** 단면의 주축에 대한 특징을 4가지 서술하시오.

정답 ① 단면의 도심을 지나는 모든 축 가운데 단면 2차 모멘트가 최대, 최소인 축을 단면의 주축이라고 한다.
② 최대 주축과 최소 주축은 직교한다.
③ 두 주축에 관한 단면 상승모멘트는 0이다.
④ 대칭축은 주축이다. 따라서, 모든 주축 역시 대칭축이 아니다.
주어진 단면이 L형 단면과 같이 비대칭 단면일 경우 주축은 대칭축이 아니다.

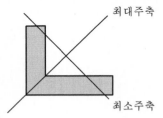

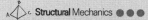

03

구조물 개론

contents

03 구조물 개론

1. 구조물의 개론

1) 반력

물체나 구조물이 외력을 받았을 때 이동이나 회전이 구속됨으로써 수동적으로 생기는 힘을 말하며, 지점에 생기는 반력은 지점반력이라 한다.

지점 반력은 구조물의 평형상태를 유지하기 위해서 수동적으로 수직반력, 수평반력, 모멘트 반력이 생기며, 반력도 외력으로 취급한다.

2) 절점 및 지점

(1) 절점(Joint) : 골조를 구성하는 부재 상호간의 접합점을 절점이라 한다.

> 절점에는 구조물에 작용하는 외력에 저항하여 응력이 일어난다.

① 절점의 종류

	기호	도면표시	응력수	해설
힌지절점 (활절)	△		2개 {축방향력, 전단력}	부재 끝이 자유롭게 회전할 수 있게 한 절점
고정절점 (강절점)			3개 {축방향력, 전단력, 휨모멘트}	뼈대 구조물에서 부재 상호간의 각도가 변형부에도 변하지 않는 절점

② 힌지절점수(Hinge joint) : 어떤 부재(기준재)에 활절로 접합된 부재수를 말한다.

기호	기준재	기준재	기준재	
절점수(k)	1	1	1	1
부재수(m)	4	4	2	3
힌지절점수(h)	3	2	1	0

③ 강절점수(Fixed joint) : 어떤 부재(母材)에 강절로 접합된 부재수를 말한다.

기호		←모재	←모재	←모재
절점수(k)	1	1	1	1
부재수(m)	4	4	4	4
강절점수(s)	0	1	2	3

> 강절점수는 회전이 불가능한 부재의 총 수에서 하나(모재)를 감한 값이다.

(2) 지점(Support)

구조물 전체가 지지(支持), 연결된 지대(支台) 또는 지반(地盤)을 말한다.

지점 구조는 구조역학상 다음의 3가지로 구분된다.

명칭	지지법	표시법	반력발생
이동지점 (Roller 지점)	힌지 / 롤러	V	• 회전가능($\sum M \neq 0$) • 수평이동가능($\sum H \neq 0$) • 수직이동 불가능($\sum V = 0$) ∴수직반력만 생긴다. 반력수 $R = 1$
회전지점 (Hinge 지점)	힌지	H, V	• 회전가능($\sum M \neq 0$) • 수평이동불가능($\sum H \neq 0$) • 수직이동불가능($\sum V \neq 0$) ∴수평반력과 수직반력이 생긴다. 반력수 $R = 2$
고정지점 (Fixed 지점)		H, M, V	• 회전불가능($\sum M = 0$) • 수평이동불가능($\sum H = 0$) • 수직이동불가능($\sum V = 0$) ∴수평, 수직반력과 모멘트 반력이 생긴다. 반력수 $R = 3$

2. 안정, 불안정

1) 구조물이 어떠한 외력을 받더라도

① 이동(상 · 하 및 좌 · 우 방향)과 회전을 하지 않고 원위치를 유지하며

② 큰 변형이 생기지 않으며

③ 유한한 반력과 부재응력으로 힘의 평형을 이룰 때 그 구조물은 안정하고, 그렇지 못한 구조물은 불안정하다.

(1) 안정

① 외적 안정(지지상태의 안정) : 구조물의 위치가 변하지 않는 경우 지점의 반력수가 3개 이상으로 힘의 평형조건을 만족할 때

• 상 · 하로 이동하지 않음 : $\sum V = 0$

• 좌 · 우로 이동하지 않음 : $\sum H = 0$

• 어떤 방향으로도 회전하지 않음 : $\sum M = 0$

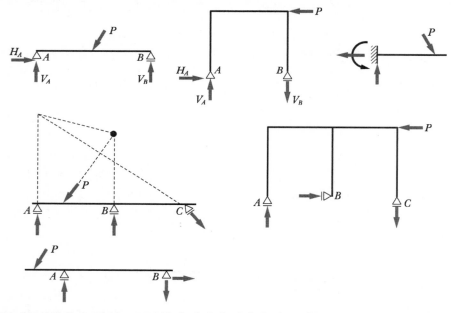

② 내적 안정(형태의 안정) : 구조물의 형태가 변하지 않는 경우

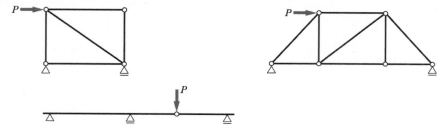

(2) 불안정

① 외적 불안정 : 구조물의 위치가 변하는 경우

　　지점의 반력수가 2개 이하인 경우와 3개 이상이라도 힘의 평형조건을 만족하지 못할 때

　　• 상·하 또는 좌·우로 이동하거나

　　• 어떤 방향으로 회전할 때

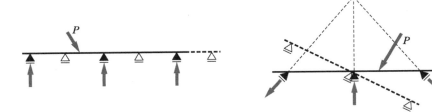

② 내적 불안정 : 구조물의 형태가 변하는 경우

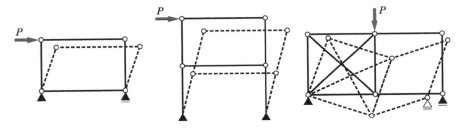

2) 구조물의 정정, 부정정

(1) 정정

　　힘의 평형조건만으로 구조물의 반력과 응력(부재력 : 전단력, 휨모멘트 축력)을 구할 수 있는 구조물을 정정이라 한다.

① 외적 정정(지지상태의 정정) : 외적으로 안정된 구조물에서 지점 반력을 힘의 평형조건만으로 구할 수 있는 경우

② 내적 정정(모양상태의 정정) : 내적으로 안정된 구조물에서 구조물을 구성하는 모든 부재의 응력(부재력)을 힘의 평형조건식만으로 구할 수 있는 경우

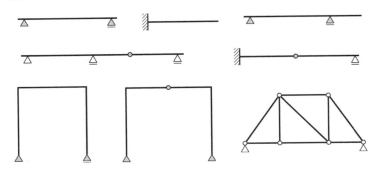

(2) 부정정

정정 구조물보다 과잉 구속된 구조물로서 힘의 평형 조건뿐만 아니라 변형조건을 이용하여 반력과 응력을 구할 필요가 있는 구조물을 부정정이라 한다.

① 외적 부정정 : 외적으로 안정된 구조물에서 힘의 평형조건만으로 반력을 구할 수 없는 경우
② 내적 부정정 : 내적으로 안정된 구조물에서 부재의 응력(부재력)을 힘의 평형조건만으로 구할 수 없는 경우

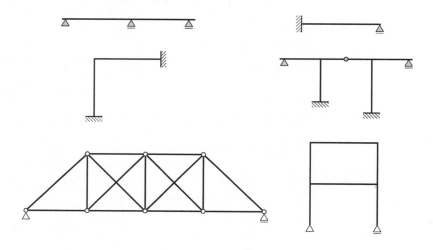

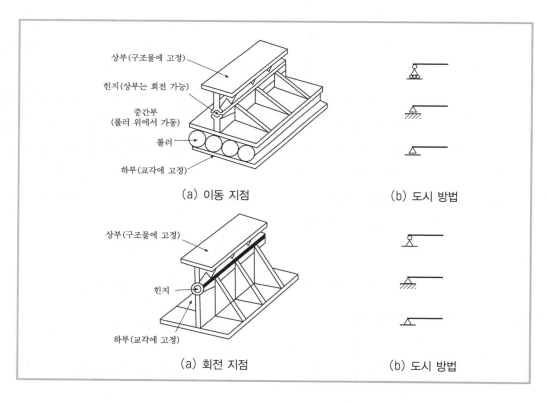

상부(구조물에 고정)
힌지(상부는 회전 가능)
중간부
(롤러 위에서 가동)
롤러
하부(교각에 고정)
(a) 이동 지점

(b) 도시 방법

상부(구조물에 고정)
힌지
하부(교각에 고정)
(a) 회전 지점

(b) 도시 방법

3. 구조물 판별식

1) 단층 구조물의 전체 부정정 차수의 약산식

> 단층 구조물은 내적으로 거의 정정이다.

$$N = (R-3) - h$$

여기서 h : 구조물 내에 들어 있는 hinge의 수
3 : 힘의 평형조건식의 수($\sum H = 0, \sum V = 0, \sum M = 0$)
R : 반력수

• 모든 구조물의 외적 차수
$$N_e = R - 3$$

$N = 0$: 정 정
$N > 0$: 부정정 $\Big\}$ 안정(필요조건이지 충분조건은 아님)

$N < 0$: 불안정 ⇒ 이때 n의 수를 운동의 자유도라 한다.

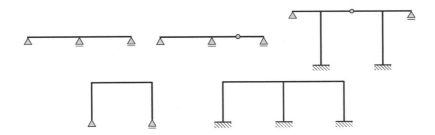

2) 단층 구조물의 판별

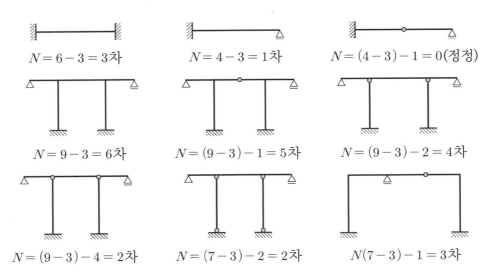

$N = 6 - 3 = 3$차 $N = 4 - 3 = 1$차 $N = (4-3) - 1 = 0$(정정)

$N = 9 - 3 = 6$차 $N = (9-3) - 1 = 5$차 $N = (9-3) - 2 = 4$차

$N = (9-3) - 4 = 2$차 $N = (7-3) - 2 = 2$차 $N(7-3) - 1 = 3$차

3) 다층라멘 및 합성라멘의 전체 부정정 차수

$$N = (3B) - H$$

여기서 B : 폐합된 방의 수
H : 지점과 절점에서 이동과 회전 수

$$N = 3 \times 2 = 6차$$

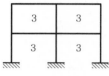

$$N = 3 \times 4 = 12차$$

4) 구조물 종류별 판별식

(1) 모든 구조물의 전체 부정정 차수

$$부정정\ 차수 = \underbrace{(\underbrace{반력수}_{외적부정정차수의증가} + \overbrace{부재수 + 강절점수}^{증가요인})}_{내적부정정차수의증가} - \overbrace{(절점수)}^{감소요인}$$

$$N = R + m + s - 2P$$

여기서 N : 부정정차수, R : 반력수, m : 부재수
s : 강절점수, P : 절점수(지점과 자유단 포함)

(2) 트러스의 전체 부정정 차수

$$N = R + m = -2P$$

$$\left.\begin{array}{l} N = R + m - 2P \qquad 정\ 정 \\ N > 0 : R + m > 2P \quad 부정정 \end{array}\right\} 안정조건 : R + m \geqq 2P$$

$$N < 0 : R + m < 2P\ 불안정$$

- 트러스의 외적 차수 : $Ne = R - 3$
- 트러스의 내적 차수 : $Ni = 3 + m - 2P$

$m = 2P - 3$: 내적 정정 $\Rightarrow$ △ ◸ ▢ ⊠

$m = 2P - 3$: 내적 부정정 $\Rightarrow$ ⊠

$m = 2P - 3$: 내적 불안정 $\Rightarrow$ ▭ ⊠▭

- 트러스의 내적 차수 판별은 부재의 구성형태로 판별할 수 있다.
- 내적 안정조건 : $m \geqq 2P - 3$

(3) 트러스 구조물의 판별

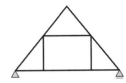

$N = 3 + 10 - 2 \times 7 = -1$

1차 불안정

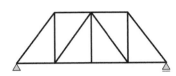

$N = 3 + 13 - 2 \times 8 = 0$

정정

$N = 3 + 8 - 2 \times 6 = 0$

정정

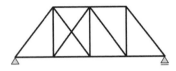

$N = 3 + 13 - 2 \times 8 = 0$

구조적으로 불안정

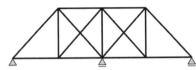

$N = 4 + 15 - 2 \times 8 = 3$차

외적 $Ne = 4 - 3 = 1$차

내적 $Ni = 3 + 15 - 2 \times 8 = 2$차

▎연습문제

예문 01 그림과 같은 연속보를 판별하면 어떻게 되는가?

정답 $N = R - 3 - h = 4 - 3 - 0 = 0$ 정정

예문 02 다음 그림과 같은 구조물의 판별 결과는?

정답

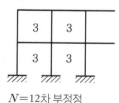

$N = R - 3 - h = 6 - 3 - 1 = 2차 부정정$

예문 03 다음 그림과 같은 구조물의 판별 결과는?

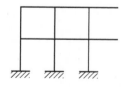

정답 $N = R - 3 - h = 5 - 3 - 1 = 1차 부정정$

예문 04 그림과 같은 골조구조물의 부정정 차수는?

정답 $N = R + m + s - 2P = 9 + 2 + 13 - 2 \times 11 = 2차 부정정$

- R : 반력수
- m : 부재수
- S : 강절점수
- P : 절점수

<별해>

3	3
3	3

$N = 12차 부정정$

예문 05 그림과 같은 부정정 구조물은 몇 차 부정정인가?

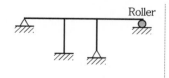

정답

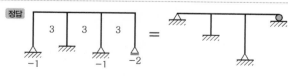

$N = (3 \times 3) - 4 = 5차 부정정$

예문 06 라멘 및 합성라멘의 판별식을 구하시오..

정답

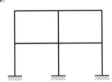

$N = 3 \times 4 = 12$차

외적 $Ne = 9 - 3 = 6$차

내적 $Ni = 12 - 6 = 6$차

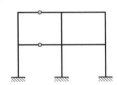

$N = 3 \times 4 - 2 = 10$차

외적 $Ne = 9 - 3 = 6$차

내적 $Ni = 10 - 6 = 4$차

$N = 3 \times 2 - 3$
$= 3$차

$N = 3 \times 2$
$= 6$차

$N = 3 \times 2 - 6 = 0$

구조적으로 불안정

$N = 3 \times 2 - 6 = 0$

정정

$N = 3 \times 3 - 9 = 0$

정정

예문 07 그림과 같은 라멘의 부정정 차수는?

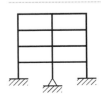

정답

3	3
3	3
3	3
3	3

-1

$N = (3 \times 8) - 1 = 23$차 부정정

예문 08 다음 구조물의 부정정 차수는?

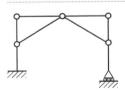

정답 $N = R + m + s - 2P$
$= 4 + 8 + 3 - 2 \times (7)$
$= 1$차

예문 09 다음 그림과 같은 부정정보를 정정보로 바꾸려면 몇 개의 힌지가 필요한가?

정답 $N = R - 3 - h$
$0 = 6 - 3 - h$
$h = 3$개

예문 10 다음 그림과 같은 라멘의 부정정 차수는?

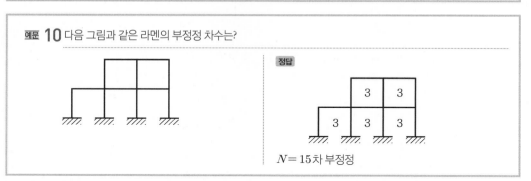

정답

$N = 15$차 부정정

예문 11 다음 구조물의 부정정 차수는?

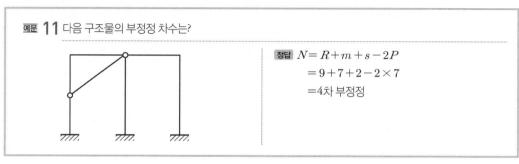

정답 $N = R + m + s - 2P$
$= 9 + 7 + 2 - 2 \times 7$
$= 4$차 부정정

예문 12 그림과 같은 구조물의 부정정 차수는?

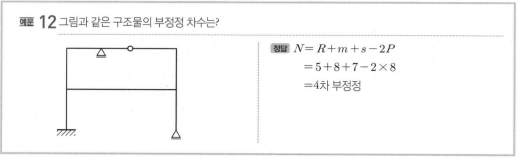

정답 $N = R + m + s - 2P$
$= 5 + 8 + 7 - 2 \times 8$
$= 4$차 부정정

예문 13 다음 그림과 같은 구조물의 부정정 차수는?

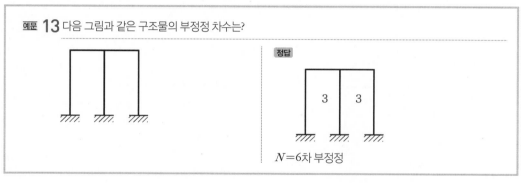

정답

$N = 6$차 부정정

예문 14 그림과 같은 평면 구조물의 부정정 차수는?

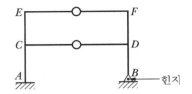

정답

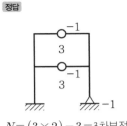

$N = (3 \times 2) - 3 = 3$차부정정

예문 15 그림과 같은 구조물의 판별 결과는?

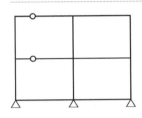

정답
$$N = R + m + s - 2P$$
$$= 6 + 14 + 15 - (2 \times 11)$$
$$= 13차 \ 부정정$$

예문 16 다음 그림과 같은 트러스의 부정정 차수는?

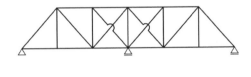

정답
1) $N = R + m - 2P$
$$= 4 + 23 - 2 \times 12$$
$$= 3차 \ 부정정$$
2) $N = (R-3) + \left[\begin{array}{ccc} \square & \square & \boxtimes \\ -1 & 0 & +1 \end{array} \right]$
$$= (4-3) + [2]$$
$$= 3차 \ 부정정$$

예문 17 다음 그림과 같은 트러스는 몇 차 부정정인가?

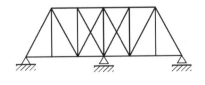

정답
$$N = R + m + S - 2P$$
$$= 4 + 23 + 0 - 2 \times 12$$
$$= 3차 \ 부정정$$
또는
$$N = (R-3) + \boxtimes 수$$
$$= (4-3) + 2$$
$$= 3차 \ 부정정$$

예문 18 다음 트러스 구조물을 정정 구조물로 할 때의 조치를 서술하시오.

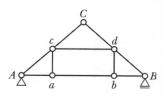

정답 1)

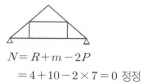

$$N = R + m - 2P$$
$$= 4 + 10 - 2 \times 7 = 0 \text{ 정정}$$

2)

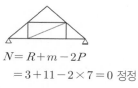

$$N = R + m - 2P$$
$$= 3 + 11 - 2 \times 7 = 0 \text{ 정정}$$

3)

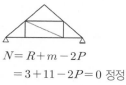

$$N = R + m - 2P$$
$$= 3 + 11 - 2P = 0 \text{ 정정}$$

4)

$$N = R + m - 2P$$
$$= 2 + 10 - 2 \times 7$$
$$= 12 - 14$$
$$= -2 \text{차 불안정}$$

예문 19 다음 그림과 같은 트러스의 부정정 차수는?

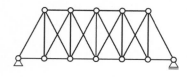

정답 $N = N_\text{외} + N_\text{내}$
$$= (3 - 3) + (4) = 4\text{차}$$

⬚의 수

예문 20 다음 그림과 같은 트러스의 판별결과는?

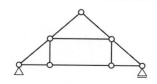

정답 $N = R + m - 2P$
$$= 3 + 10 - 2 \times 7$$
$$= -1 \text{차 불안정}$$

04

정정보

contents

04 정정보

1. 보의 일반

1) 정의

단면의 치수에 비하여 길이가 긴 부재가 적당한 방법으로 지지되어 부재축에 수직방향의 하중을 받아 주로 휨에 의하여 외력에 저항하는 구조물을 보(桁, 들보)라 한다.

2) 보의 종류

(1) 정정보

① 단순보(Simple Beam) : 한쪽 지점은 회전점, 다른 지점은 가동지점으로 된 보

② 캔틸레버보(Cantilever Beam) : 한쪽 지점은 고정지점, 다른 쪽은 지점이 없는 (자유단)보

③ 내민보(Overhanging Beam) : 단순보의 한 끝 또는 양끝 지점의 밖으로 내민 보로, 단순보와 캔틸레버보가 합성된 것

④ 게르버보(Gerber's Beam) : 부정정보에 힌지(Hinge)를 넣어 정정보로 만든 보

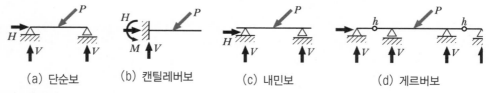

(a) 단순보　　(b) 캔틸레버보　　(c) 내민보　　(d) 게르버보

(2) 부정정보

① 연속보(Continuous Beam) : 3지점 2지간 이상으로, 지점 중 어느 하나는 회전지점이고 나머지는 가동지점으로 만든 보

② 고정보(Fixed Beam) : 일단은 고정지점이고 타단은 다른 지점으로 만든 보

• 일단고정, 타단가동 지지보 : 일단은 고정지점이고 타단은 가동지점으로 만든 보

• 양단 고정보 : 양단을 고정지점으로 만든 보

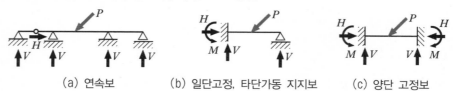

(a) 연속보　　(b) 일단고정, 타단가동 지지보　　(c) 양단 고정보

4-2 | 건설 구조역학

2. 하중의 종류와 분포상태

1) 하중의 작용방법에 따른 분류

① 정하중(Static load)

　사하중(Dead load) : 구조물 자체의 무게(항상 일정한 위치의 하중)

② 동하중(Dynamic load)

　(a) 활하중(Live load)

　　• 이동하중(Moving load) : 일정한 크기의 무게가 이동하여 작용하는 하중(즉, 자동차 바퀴 등)

　　• 연행하중(Travelling load) : 하중의 간격이 일정한 이동하중(즉, 기차 바퀴 등)

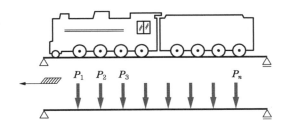

　(b) 충격하중(Impulsive load) : 짧은 시간에 급격히 작용하는 하중

　(c) *반복하중(Repeated load) : 인장하중 또는 압축하중만이 어느 범위 내에서 되풀이하여 작용하는 하중

　(d) *교대하중(Alternated load) : 인장하중과 압축하중이 서로 바뀌어가며 계속적으로 작용하는 하중

　(e) 풍하중(Wind load)

　(f) 적설하중(Snow load)

　(g) 지진하중(Seismic load)

2) 하중의 분포상태에 따른 분류

① 집중하중(Concentrated load)

　자동차 바퀴 등과 같이 한 점에 집중하여 작용하는 하중

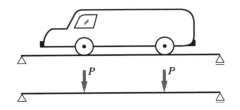

집중하중의 단위는 단지 무게의 단위로 나타난다. (N, kN)

② 등분포하중(Uniform load)

자중과 같이 어느 범위로 분포하여 꼭 같은 하중이 작용하는 경우이며 부재의 길이에 따라 하중의 크기가 달라지므로 하중의 크기를 단위길이당의 크기로 표시한다. (N/m, kN/m)

③ 등변분포하중(Ununiformly varying load)

수압 또는 토압과 같이 삼각형 또는 사다리꼴로 작용하는 하중으로, 단위는 등분포하중과 마찬가지로 나타낸다.

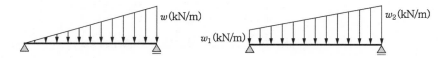

④ 모멘트 하중(Moment load)

구조물을 회전시키려는 하중으로 실지 모멘트 하중(load)은 작용치 않으나 다음과 같은 경우 모멘트 하중으로 간주하고 구조물을 해석한다. 단위는 모멘트 단위와 같다. (N·cm, kN·m)

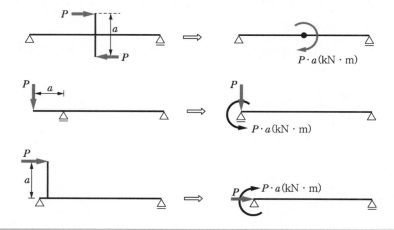

모멘트 하중 자체는 수직력 또는 수평력이 전혀 없고 단지 회전력만 가지며, 구조물 어느 점에든 꼭 같은 회전력을 미친다.

3) 하중 작용상태에 따른 분류

① 직접하중(Direct load)

구조물에 직접 작용하는 하중

② 간접하중(Indirect load)

어떤 매개체를 통하여 구조물에 간접적으로 전달되는 하중

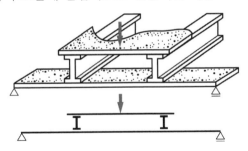

참고

자유 물체도

1. 정의 : 지지하고 있는 지점이나 물체를 제거하고, 물체에 작용하는 모든 힘이나 반력을 벡터로 나타낸 그림을 자유 물체도라고 한다.

2. 작도 순서

① 물체를 구조물에서 완전히 분리하여 형태(자유물체도)만 그린다.

② 물체에 직접 작용하는 힘(하중)과 다른 물체 또는 지점이 자유물체에 미치는 힘(반력)을 그린다.

③ 기지(旣知)의 힘은 그 크기와 방향을 정확히 표시하고, 미지(未知)의 힘은 기호로 표시하며 방향은 임의로 가정한다.

3. 반력(Reaction)

1) 정의

작용과 반작용의 법칙에 따라 구조물에 외력(하중)이 작용하면 외력에 평형상태를 이루기 위해 수동적으로 발생되는 힘을 말한다. 특히 지점에서 발생되는 반력을 지점반력이라 한다. 보에서는 일반적으로 수직, 수평, 모멘트 반력이 생기고 단면력 계산 시의 지점반력도 외력으로 본다.

$$
외력 \begin{cases} 작\ \ 용(능동적 외력) : 하중 \\ 반작용(수동적 외력) : 반력 \end{cases}
$$

2) 집중하중이 작용하는 경우

① 수평반력

$\Sigma H = 0$에서

$\therefore H_A = 0$

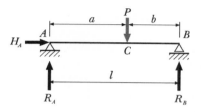

② 수직반력

$\Sigma M_B = 0$에서 $R_A \times l - P \times b = 0$

$\Sigma M_B = 0$에서 $-R_B \times l + P \times a = 0$

$$\therefore R_B = \frac{Pa}{l}$$

즉, R_A 계산 후

$\Sigma V = 0$에서 $R_A + R_B - P = 0$

$\therefore R_B = P - R_A$

3) 집중하중이 경사로 작용할 때

부재축에 경사진 힘은 수평력(P_H), 수직력(P_V)으로 분해한다.

$P_H = P \cdot \cos\theta \quad P_V = P \cdot \cos\theta$

① 수평반력 : $\Sigma H = 0$에서

$H_A - P_H = 0 \quad \therefore H_A = P_H = P \cdot \cos\theta$

② 수직반력 : $\Sigma M_B = 0$에서

$V_A \times l - P_V \times b = 0 \quad \therefore V_A = \frac{P_V \times b}{l} = \frac{Pb\sin\theta}{l}$

③ 반력

$$R_A = \sqrt{(H_A)^2 + (V_B)^2}$$

④ 반력(R_B) : $\Sigma H = 0$에서

$$V_A + R_B - P_V = 0 \quad \therefore R_B = P_V - V_A = \frac{Pa\sin\theta}{l}$$

4) 등분포하중이 작용할 때

$$\Sigma M_B = 0$$

$$R_A \times l - w \times l \times \frac{l}{2} = 0$$

$$\therefore R_A = \frac{wl}{2}$$

$\Sigma V = 0$에서 $R_A + R_B - w \times l = 0$

$$\therefore R_B = wl - R_A = \boxed{\frac{wl}{2}}$$

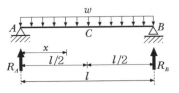

5) 등변분포하중이 작용할 때

$$\Sigma M_B = 0 \text{에서} \quad R_A \times l - (\frac{wl}{2}) \times (\frac{1}{3}) = 0$$

$$\therefore R_A = \frac{wl}{6}$$

$\Sigma V = 0$에서 $R_A + R_B - \frac{wl}{2} = 0$

$$\therefore R_B = \frac{wl}{3}$$

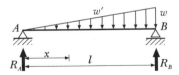

6) 모멘트 하중이 작용할 때

모멘트 하중은 수직, 수평력 없이 보를 회전시키려는 힘이다.

$$\Sigma M_B = 0 \text{에서} \quad R_A \times l - M = 0$$

$$\therefore R_A = \frac{M}{l}$$

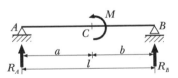

$\Sigma V = 0$에서 $R_A - R_B = 0$

$$\therefore R_B = \frac{M}{l}$$

주 단순보에 Moment 하중만 작용 시 A, B 지점의 반력 절대값은 같고, 방향은 서로 반대이다.

7) 지지조건에 따른 반력상태

(1) 단순보

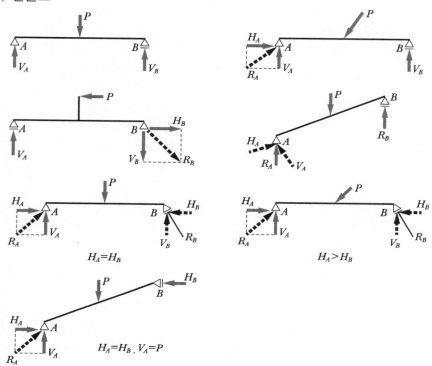

$H_A = H_B$ $H_A > H_B$

$H_A = H_B$, $V_A = P$

(2) 캔틸레버보(외팔보)

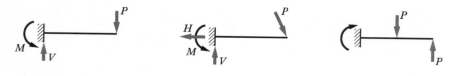

(3) 내민보

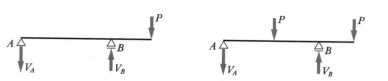

8) 모멘트 하중(우력)만이 작용할 때 반력상태

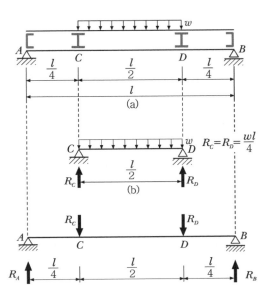

9) 간접하중이 작용할 때

그림(b)에서 $\Sigma M_B = 0$

$R_A \times l - R_C \times \dfrac{3}{4}l - R_D \times \dfrac{l}{4} = 0$

$\therefore R_A = \dfrac{wl}{4}$

$\Sigma V = 0$

$R_A + R_B - \Sigma P = 0$

$\therefore R_B = \dfrac{wl}{4}$

4. 단면력(Section Force)

구조물(보)에 하중이 작용하여 부재축에 직각인 단면에 생기는 응력의 합력으로는 축방향력, 전단력, 휨모멘트가 있다.

1) **축방향력**(Axial Force)

보의 중립축방향으로 외력(수평력)이 작용하여, 보를 인장 또는 압축하려는 힘을 축방향력(A) 이라 한다.

① 부호

좌우 구분 없이 생각하는 단면을 중심으로 인장력이면 (+), 압축력이면 (−)이다.

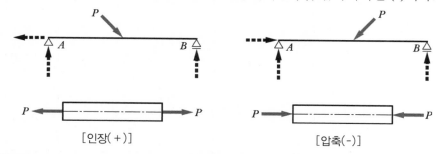

② 축방향력의 크기 : 부재의 축방향에 작용하는 힘으로 어떤 단면의 축방향의 크기는 어느 한쪽에 작용하는 모든 외력(하중, 반력)의 대수합이다.

③ 단위 : N, kN, 힘의 단위와 동일하다.

2) **전단력**(Shearing Force)

보의 중립축에 직각 방향으로 외력(수직력)이 작용하여 보를 절단하려는 힘을 전단력(S)이라 한다.

① 부호

- 좌측 : 상향↑(+), 하향↓(−)
- 우측 : 상향↑(−), 하향↓(+)

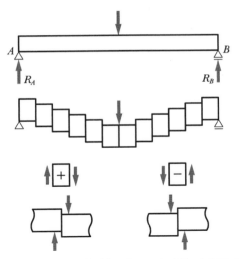

[시계방향 전단력(+)]　　[반시계 방향 전단력(-)]

좌우 구분 없이 생각하는 단면을 중심으로 시계방향(↻)으로 작용하는 수직력의 대수합은 (+) 전단력, 반시계방향 (↺)으로 작용하는 수직력의 대수합은(-) 전단력이다.

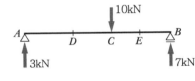

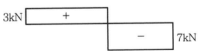

D점의 전단력 : $S_D = +3\text{kN}$

E점의 전단력 : $S_E = +3 - 10 = -7\text{kN}$

또는 $S_E = -7\text{kN}$

집중하중이 작용하는 점에서 전단력도는 집중하중 크기만큼 불연속된다.
- C점 좌측의 전단력 : $S_{A \sim C} = +3\text{kN}$ 또는 S_C(좌)$= -7 + 10 = +3\text{kN}$
- C점 우측의 전단력 : $S_{B \sim C} = -7\text{kN}$ 또는 S_C(우)$= 3 - 10 = -7\text{kN}$

3) **휨모멘트(굽힘모멘트)** : 보의 외력이 작용하여 보를 휘려고 하는 힘의 크기

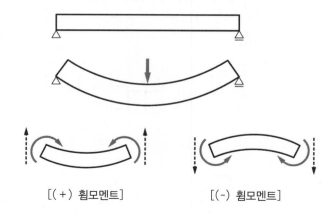

[(+) 휨모멘트]   [(-) 휨모멘트]

> 좌우 구분 없이 생각하는 단면을 중심으로 아래방향으로 휘어지게 하는 모멘트이면 (+), 위방향으로 휘어지게 하는 모멘트이면 (-)이다.
> 즉, 보를 향하여 상향으로 작용하는 외력은 (+), 휨모멘트를 일으키고 하향으로 작용하는 외력은 (-) 휨모멘트를 일으킨다.

휨모멘트= $\sum$ (힘의 크기)×(수직거리) : 단위(N, cm, kN·m)

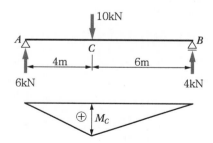

A에서 C로 풀면 : $M_c = 6 \times 4 = 24\text{kN} \cdot \text{m}$

B에서 C로 풀면 : $M_c = 4 \times 6 = 24\text{kN} \cdot \text{m}$

집중하중이 작용하는 점에서 휨모멘트는 절곡된다.

4) **단면력도**(Section Force Diagram)

① **전단력도**(Shearing Force Diagram : S.F.D)
기선(보의 부재축과 평행한 축)의 상부를 (+), 하부를 (-)로 가정한다.

② **휨모멘트도**(Bending Moment Diagram : B.M.D)
기선의 상부를 (-), 하부를 (+)로 가정한다.

③ **축방향력도**(Axial Force Diagram : A.F.D)
기선의 상부를 (+), 하부를 (-)로 가정한다.

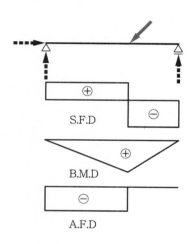

5. 단순보

1) 대칭

①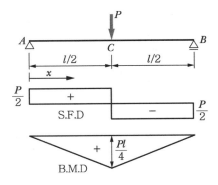

반 력
$$R_A = R_B = \frac{P}{2}(\uparrow)$$

전단력
$$\begin{cases} A \sim C \text{ 구간} \\ \quad S_{A \sim C} = R_A = \frac{P}{2} \\ C \sim B \text{ 구간} \\ \quad S_{C \sim B} = R_A - P = -\frac{P}{2} \end{cases}$$

휨모멘트

임의 단면의 휨모멘트

$$M_x = R_A \cdot x = \frac{P}{2}x$$

$$M_A = R_A \times 0 = 0$$

$$M_B = R_A \times l - P\frac{l}{2} = 0$$

$$M_{max} = \boxed{M_C = R_A \times \frac{l}{2} = \frac{Pl}{4}}$$

②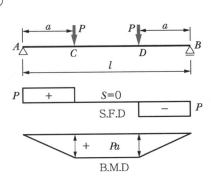

반 력
$$R_A = R_B = P\,(\uparrow)$$

전단력
$$\begin{cases} A \sim C \text{ 구간} : S_{A \sim C} = R_A = P \\ C \sim D \text{ 구간} : S_{C \sim D} = R_A - P = 0 \\ D \sim B \text{ 구간} : S_{D \sim B} = R_A - P - P \\ \qquad\qquad\qquad\qquad = -P \end{cases}$$

휨모멘트
$$M_C = R_A \times a = Pa$$
$$M_D = R_B \times a = Pa$$

③

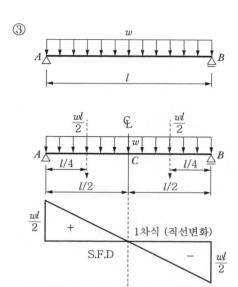

$\dfrac{wl}{2}$ ℄ $\dfrac{wl}{2}$

1차식 (직선변화)

S.F.D

$\dfrac{wl^2}{8}$

B.M.D   2차식 (2차곡선)

반　력

$$R_A = R_B = \boxed{\dfrac{wl}{2}(\uparrow)}$$

전 단 력

임의 단면의 전단력

$$S_x = R_A - w_x$$

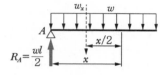

$$S_A = R_A = \dfrac{wl}{2}$$

$$S_C = R_A - \dfrac{wl}{2} = 0$$

$$S_B = R_A - wl = \dfrac{wl}{2} - wl$$

$$= -\dfrac{wl}{2}$$

또는 $\boxed{S_B = -R_B = -\dfrac{wl}{2}}$

휨모멘트

임의 단면의 휨모멘트

$$M_x = R_A \cdot x - w \times \dfrac{x}{2}$$

$$M_A = R_A \times 0 = 0$$

$$M_{\max} = M_C = R_A \dfrac{l}{2} - \dfrac{wl}{2} \times \dfrac{l}{4} = \boxed{\dfrac{wl^2}{8}}$$

또는 $M_C = \dfrac{wl}{2}$ (지점까지 거리)

$$= \dfrac{wl}{2} \times \dfrac{l}{4} = \dfrac{wl^2}{8}$$

$$M_B = R_A \cdot l - wl \times \dfrac{l}{2} = 0$$

2) 역대칭

① 모멘트 하중이 작용하는 경우

(a) 반력(R)

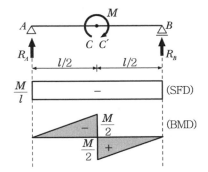

- $\Sigma M_B = 0$에서 $R_A \times l + M = 0$

$$\therefore R_A = -\frac{M}{l}(\downarrow)$$

- $\Sigma V = 0$에서 $-R_A + R_B = 0$

$$\therefore R_B = \frac{M}{l}(\uparrow)$$

전단력(S)

- A점 : $S_A = -\dfrac{M}{l} - 0 = -\dfrac{M}{l}$

- 임의의 x점 : $S_x = -\dfrac{M}{l} - 0 = -\dfrac{M}{l}$

- B점 : $S_B = -\dfrac{M}{l} - 0 = -\dfrac{M}{l}$

휨모멘트(M)

- $M_A = M_B = 0$

- C점의 휨모멘트는 $x = \dfrac{l}{2}$을 중심으로 좌측 C와 우측 C'부분을 구분하면

$$\therefore M_{C(x=\frac{1}{2})} = -\frac{M}{l} \times \frac{l}{2} = -\frac{M}{2}$$

$$\therefore M_{C'(x=\frac{1}{2})} = -\frac{M}{l} \times \frac{l}{2} + M = +\frac{M}{2}$$

(b)

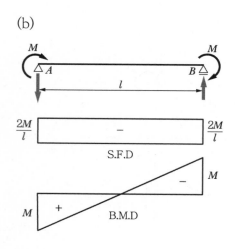

반 력

$$R_A \cdot l = M + M$$

$$\therefore R_A = \frac{2M}{l}(\downarrow)$$

$$R_B \cdot l = M + M$$

$$\therefore R_B = \frac{2M}{l}(\uparrow)$$

전 단 력

$$S_{A \sim B} = - R_A = - R_B = - \frac{2M}{l}$$

휨모멘트

$$M_A = + M$$

$$M_B = - M$$

보 중앙$\left(\dfrac{l}{2}\right)$의 휨모멘트

$$M_C = M - R_A \frac{l}{2} = 0$$

② 수평력 하중이 작용하는 경우

(a)

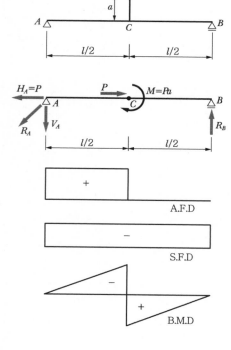

반 력

$$V_A \cdot l = Pa$$

$$\therefore V_A = \frac{Pa}{l}\ (\downarrow)$$

$$H_A = P\ (\leftarrow)$$

$$\therefore R_A = \sqrt{(V_A)^2 + (H_A)^2}$$

$$R_B \times l = Pa$$

$$\therefore R_B = \frac{Pa}{l}\ (\uparrow)$$

축방향력

$$N_{A \sim C} = H_A = P$$

$$N_{C \sim B} = H_A - P = 0$$

휨모멘트

$$M_A = M_B = 0$$

$$M_C(좌) = - V_A \frac{l}{2} = - \frac{M}{2}$$

$$M_C(우) = R_B \times \frac{l}{2} = \frac{M}{2}$$

(b)

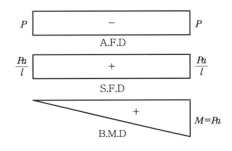

반 력

$$V_A = \frac{Pa}{l} \ (\uparrow)$$

$$R_B = \frac{Pa}{l} \ (\downarrow)$$

$$H_A = P$$

$$\therefore R_A = \sqrt{(V_A)^2 + (H_A)^2}$$

전 단 력

$$S_{A \sim B} = \frac{Pa}{l}$$

휨모멘트

$$M_A = 0 \quad M_x = R_A \cdot x = \frac{Pa}{l} x$$

$$M_B = R_A \cdot l = \frac{Pa}{l} \cdot l = Pa$$

또는 $M_B = Pa - R_B \times 0 = Pa$

(c)

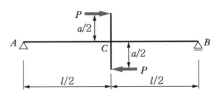

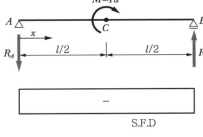

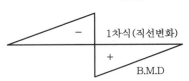

반 력

$$R_A \times l = Pa$$

$$\therefore R_A = \frac{Pa}{l}(\downarrow)$$

$$R_B \times l = Pa$$

$$\therefore R_B = \frac{Pa}{l}(\uparrow)$$

전 단 력

$$S_{A \sim B} = -R_A = -R_B = -\frac{Pa}{l}$$

휨모멘트

$$M_A = M_B = 0$$

임의 단면의 휨모멘트

$$M_x = -R_A \cdot x = -\frac{Pa}{l} x$$

$$M_C(좌) = -R_A \frac{l}{2} = -\frac{M}{2}$$

$$M_C(우) = R_B \frac{l}{2} = \frac{M}{2}$$

모멘트 하중이 작용하는 점에서의 휨모멘트는 모멘트 하중 크기만큼 불연속된다.

(d)

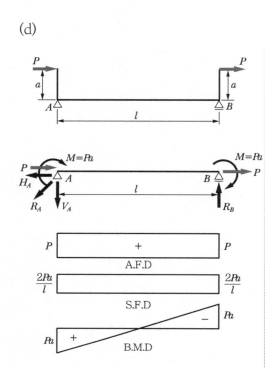

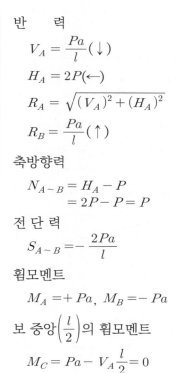

반　력

$$V_A = \frac{Pa}{l}(\downarrow)$$

$$H_A = 2P(\leftarrow)$$

$$R_A = \sqrt{(V_A)^2 + (H_A)^2}$$

$$R_B = \frac{Pa}{l}(\uparrow)$$

축방향력

$$N_{A \sim B} = H_A - P$$
$$= 2P - P = P$$

전단력

$$S_{A \sim B} = -\frac{2Pa}{l}$$

휨모멘트

$$M_A = + Pa, \ M_B = - Pa$$

보 중앙 $\left(\dfrac{l}{2}\right)$의 휨모멘트

$$M_C = Pa - V_A\frac{l}{2} = 0$$

③ 짝힘이 작용하는 경우

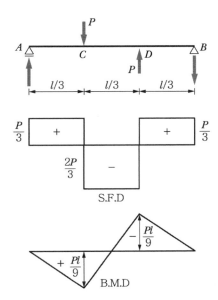

반 력

$$R_A \times l = P\frac{2}{3}l - P\frac{l}{3}$$

$$\therefore R_A = \frac{P}{3}(\uparrow)$$

$$R_B \times l = P\frac{2}{3}l - P\frac{l}{3}$$

$$\therefore R_B = \frac{P}{3}(\downarrow)$$

또는

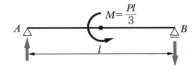

$$R_A = \frac{M}{l} = \frac{\dfrac{Pl}{3}}{l} = \frac{P}{3}(\uparrow)$$

$$\therefore R_B = \frac{P}{3}(\downarrow)$$

전 단 력

$$S_{A \sim C} = R_A = \frac{P}{3}$$

$$S_{C \sim D} = R_A - P = -\frac{2}{3}P$$

$$S_{D \sim B} = R_A - P + P = \frac{P}{3}$$

휨모멘트

$$M_A = M_B = 0$$

$$M_C = R_A \times \frac{l}{3} = \frac{Pl}{9}$$

$$M_D = R_A \times \frac{2l}{3} - P \times \frac{l}{3}$$

$$= -\frac{Pl}{9}$$

$$M_D = -R_B\frac{l}{3} = \frac{-Pl}{9}$$

3) 비대칭

①

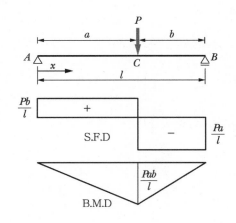

반 력

$$R_A \cdot l = P \cdot b$$

$$\therefore R_A = \frac{Pb}{l}$$

$$R_B \cdot l = P \cdot a$$

$$\therefore R_B = \frac{Pa}{l}$$

전단력

$$S_{A \sim C} = R_A = \frac{Pb}{l}$$

$$S_{C \sim B} = R_A - P$$

$$= \frac{Pb}{l} - \frac{Pl}{l} = -\frac{Pa}{l}$$

또는 $S_{B \sim C} = -R_B = -\frac{Pa}{l}$

휨모멘트

$$M_A = M_B = 0$$

$$M_x = R_A \cdot x = \frac{Pb}{l} x$$

$$M_{\max} = M_C = R_A \cdot a = R_B \cdot b = \frac{Pab}{l}$$

②

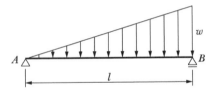

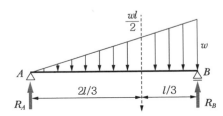

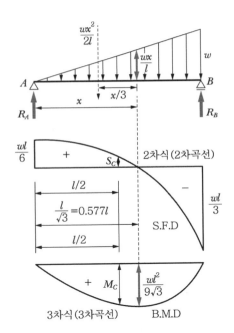

2차식 (2차곡선)

$\dfrac{wl}{6}$ + S_C

$\dfrac{l}{2}$

$\dfrac{l}{\sqrt{3}} = 0.577l$

$\dfrac{l}{2}$

$-$ $\dfrac{wl}{3}$

S.F.D

3차식 (3차곡선) + M_C $\dfrac{wl^2}{9\sqrt{3}}$ B.M.D

반 력

$$R_A \times l = \frac{wl}{2} \times \frac{l}{3} \qquad \therefore R_A = \frac{wl}{6}$$

$$R_B \times l = \frac{wl}{2} \times \frac{2}{3}l \qquad \therefore R_B = \frac{wl}{3}$$

전 단 력

$$S_A = R_A = \frac{wl}{6}$$

$$S_B = -R_B = -\frac{wl}{3}$$

$$\therefore S_{\max} = \frac{wl}{3}$$

임의 단면의 전단력

$$S_x = R_A - \frac{wx^2}{2l} = \frac{wl}{6} - \frac{wx^2}{2l}$$

· 보 중앙$\left(\dfrac{l}{2}\right)$의 전단력

$$S_C = \frac{wl}{6} - \frac{w}{2l}\left(\frac{l}{2}\right)^2 = \frac{wl}{24}$$

· 전단력이 0이 되는 위치

$$S_x = \frac{wl}{6} - \frac{wx^2}{2l} = 0$$

$$\frac{wx^2}{2l} = \frac{wl}{6} \Rightarrow x = \frac{l}{\sqrt{3}} = 0.577l$$

휨모멘트

$$M_A = M_B = 0$$

임의 단면의 휨모멘트

$$M_x = R_A \cdot x - \frac{wx^2}{2l} \times \frac{x}{3}$$

$$\therefore M_x = \frac{wl}{6}x - \frac{wx^3}{6l}$$

· 최대 휨모멘트는(전단력이 0이 되는 곳에서 일어남)

$$M_{\max} = \frac{wl}{6}\left(\frac{l}{\sqrt{3}}\right) - \frac{w}{6l}\left(\frac{l}{\sqrt{3}}\right)^3 = \frac{wl^2}{9\sqrt{3}}$$

· 보 중앙$\left(\dfrac{l}{2}\right)$의 휨모멘트

$$M_C = \frac{wl}{6} \times \frac{l}{2} - \frac{w}{6l} \times \frac{l}{2} = \frac{wl^2}{16}$$

③

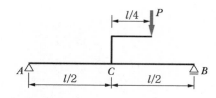

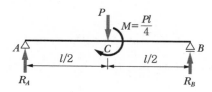

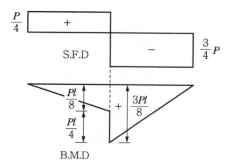

S.F.D

B.M.D

반 력

$$R_A \cdot l = P \cdot \frac{l}{4}$$

$$\therefore R_A = \frac{P}{4}$$

$$R_B \cdot l = P \cdot \frac{3}{4}l$$

$$\therefore R_B = \frac{3}{4}P$$

전 단 력

$$S_{A \sim C} = R_A = \frac{P}{4}$$

$$S_{C \sim B} = R_A - P = -\frac{3}{4}P$$

$$\therefore S_{\max} = \frac{3P}{4}$$

또는 $S_{B \sim C} = -R_B = -\frac{3}{4}P$

휨모멘트

$$M_A = M_B = 0$$

$$M_C(좌) = R_A \frac{l}{2} = \frac{Pl}{8}$$

$$M_C(우) = R_B \frac{l}{2} = \frac{3Pl}{8}$$

또는 $M_C(우) = R_A \frac{l}{2} + \frac{Pl}{4}$

$$= \frac{3Pl}{8}$$

$$\therefore M_{\max} = \frac{3Pl}{8}$$

④

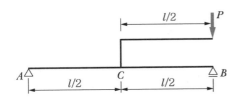

반 력
$$R_A \times l = P \times 0$$
$$\therefore R_A = 0$$
$$R_B \times l = P \times l$$
$$\therefore R_B = P$$

전단력
$$S_{A \sim B} = 0$$
$$S_{C \sim B} = -P$$
또는 $S_{B \sim C} = -R_B = -P$

휨모멘트
$$M_A = M_B = 0$$
$$M_C(좌) = 0$$
또는 $$M_C(좌) = R_B \times \frac{l}{2} - \frac{Pl}{2} = 0$$
$$M_C(우) = R_B \times \frac{l}{2} = \frac{Pl}{2}$$

⑤

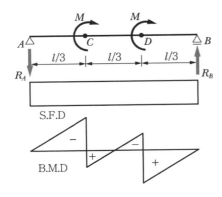

반 력
$$R_A = \frac{2M}{l}(\downarrow)$$
$$R_B = \frac{2M}{l}(\uparrow)$$

전단력
$$S_{A \sim B} = -\frac{2M}{l}$$

휨모멘트
$$M_A = M_B = 0$$
$$M_C(좌) = -R_A \frac{l}{3} = -\frac{2M}{3}$$
$$M_C(우) = -R_A \frac{l}{3} + M = \frac{M}{3}$$
$$M_D(좌) = -R_A \frac{2l}{3} + M = -\frac{M}{3}$$
$$M_D(우) = R_A \frac{l}{3} = \frac{2M}{3}$$

⑥

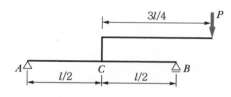

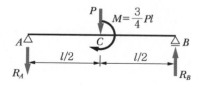

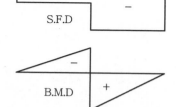

S.F.D

B.M.D

반 력

$$R_A \times l = P(\frac{3l}{4} - \frac{l}{2})$$

$$R_A = \frac{P}{4}(\downarrow)$$

$$R_B \times l = P(\frac{3l}{4} + \frac{l}{2})$$

$$R_B = \frac{5P}{4}(\uparrow)$$

전 단 력

$$S_{A \sim C} = -R_A = -\frac{P}{4}$$

$$S_{C \sim B} = -R_A - P = -\frac{5}{4}P$$

또는 $S_{B \sim C} = R_A = -\frac{5}{4}P$

휨모멘트 : $M_A = M_B = 0$

$$M_C(좌) = -R_A \times \frac{l}{2} = -\frac{Pl}{8}$$

$$M_{max} = M_C(우) = -R_A \times \frac{l}{2} + \frac{3}{4}Pl$$

$$= \frac{5}{8}Pl$$

또는 $M_C(우) = R_B \times \frac{l}{2} = \frac{5}{8}Pl$

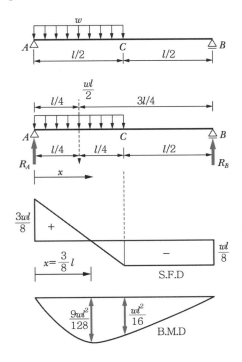

S.F.D

B.M.D

반 력

$$R_A \cdot l = \frac{wl}{2} \times \frac{3l}{4} \qquad \boxed{\therefore R_A = \frac{3}{8}wl}$$

$$R_B \cdot l = \frac{wl}{2} \times \frac{l}{4} \qquad \boxed{\therefore R_B = \frac{wl}{8}}$$

전 단 력

$$S_A = R_A = \frac{3}{8}wl$$

$$S_C = R_A - \frac{wl}{2} = -\frac{wl}{8}$$

또는 $S_{B \sim C} = -R_B = -\frac{wl}{8}$

임의 단면의 전단력

$$S_x = R_A - wx$$

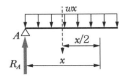

전단력이 0이 되는 위치 x 는

$$S_x = R_A - wx = 0$$

$$\boxed{\therefore x = \frac{R_a}{w} = \frac{3}{8}l}$$

휨모멘트

$$M_A = M_B = 0$$

임의 단면의 휨모멘트

$$M_x = R_A . x - w \times \frac{x}{2}$$

최대 휨모멘트는 (전단력이 0인 곳에서 일어남)

$$M_{\max} = R_A \frac{3}{8}l - \frac{w}{2}\left(\frac{3}{8}l\right)^2 = \boxed{\frac{9wl^2}{128}}$$

또는 전단력도를 이용하면(전단력도 면은 M)

$$\begin{cases} M_{\max} = \dfrac{3wl}{8} \times \dfrac{3}{8}l \times \dfrac{1}{2} = \dfrac{9wl^2}{128} \\ M_C = R_B \times \dfrac{1}{2} = \dfrac{wl}{8} \times \dfrac{1}{2} = \dfrac{wl^2}{16} \end{cases}$$

chapter 04 과목명

Structural Mechanics | 4-25

6. 간접하중을 받는 단순보

1) 해석 원리

① 반력은 세로보에 작용하는 하중상태 그대로 놓고 직접하중을 받는 단순보의 경우와 똑같이 푼다.

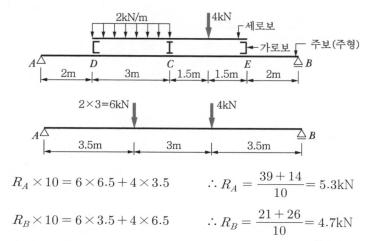

$$R_A \times 10 = 6 \times 6.5 + 4 \times 3.5 \qquad \therefore R_A = \frac{39 + 14}{10} = 5.3 \text{kN}$$

$$R_B \times 10 = 6 \times 3.5 + 4 \times 6.5 \qquad \therefore R_B = \frac{21 + 26}{10} = 4.7 \text{kN}$$

② 단면력(전단력, 휨모멘트)은 세로보를 가로보에 지점을 둔 단순보로 생각하여 반력을 구하여 그 반력을 주보(Main beam)에 작용하는 집중하중으로 보고 직접하중을 받는 단순보의 경우와 똑같이 푼다.

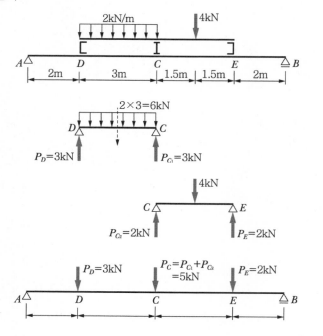

2) 특성

① 집중하중은 물론 분포하중(등분포하중, 등변분포하중)도 주보(주형)상의 가로보의 위치에 작용하는 집중하중으로 변한다.

② 전단력도(S.F.D), 휨모멘트도(B.M.D)는 가로보 위치에 집중하중이 작용할 때와 똑같이 변화한다. 즉, 가로보와 가로보(격점과 격점) 사이에서 전단력은 일정하고, 휨모멘트는 직선변화한다.

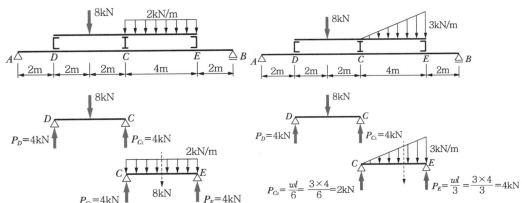

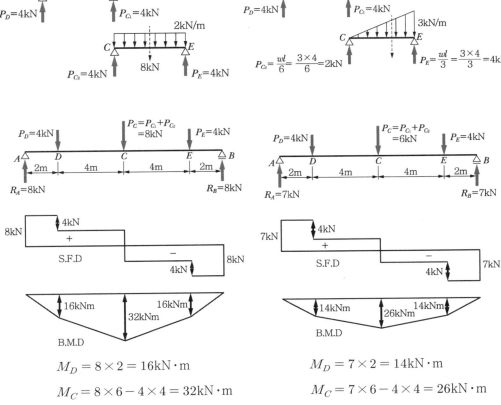

$$M_D = 8 \times 2 = 16\text{kN} \cdot \text{m}$$

$$M_C = 8 \times 6 - 4 \times 4 = 32\text{kN} \cdot \text{m}$$

$$M_D = 7 \times 2 = 14\text{kN} \cdot \text{m}$$

$$M_C = 7 \times 6 - 4 \times 4 = 26\text{kN} \cdot \text{m}$$

7. W–S–M의 관계

1) 하중·전단력·휨모멘트의 관계

임의 하중을 받는 보에서 임의의 미소구간 dx(C점과 D점 사이)를 살펴보면 다음과 같다.

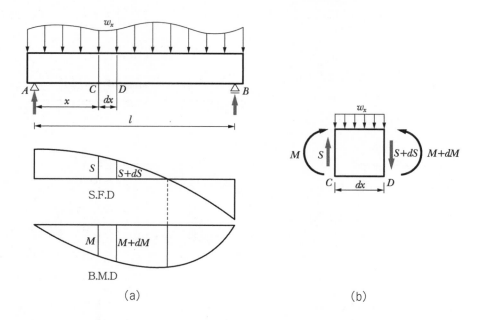

(a) (b)

그림(b)에 평형조건을 작용하면 다음과 같은 결과를 얻는다.

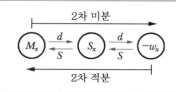

2) 전단력을 거리로 1차 미분하면 (-) 하중 : (하중을 1차 적분하면 전단력)

$$\sum V = 0 \; : \; S - (S + dS) - W_x \cdot d_x = 0$$

$$\therefore \frac{ds}{dx} = -Wx \; \left(S_x = -\int_C^D W_x \cdot dx \right)$$

고찰

$$\frac{dS}{dx} = -Wx \ : \ \frac{dS}{dx}, \ \frac{dM}{dx} \rightarrow S, \ M의 \ 기울기를 \ 뜻한다.$$

• 하중(Wx)이 0이면 $\dfrac{dS}{dx} = 0$이다. 즉 전단력의 기울기가 0이라는 뜻이다. 따라서 하중이 작용하지 않는 구간에서는 전단력은 일정하게 된다.

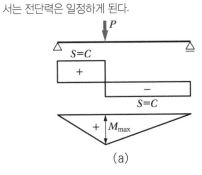 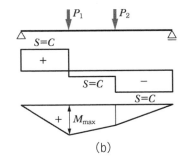

| (a) | (b) |

• Wx가 W인 등분포하중일 경우는 S는 직선 변화한다.

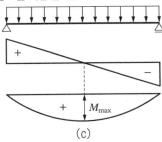

(c)

3) 휨모멘트를 거리로 1차 미분하면 전단력 : (전단력을 1차 적분하면 휨모멘트)

$$\sum M = 0 \ : \ M + S \cdot dx - (M + dM) - Wx \cdot dx \frac{dx}{2} = 0 \ \leftarrow \ 고차항 \left(\frac{Wx dx^2}{2} \right) \ 무시$$

$$\therefore \ \boxed{\frac{dM}{dx} = S} \ \left(Mx = \int_{C}^{D} S dx \right)$$

4) 휨모멘트를 거리로 2차 미분하면 (-) 하중 : (하중을 2차 적분하면 휨모멘트)

$$\boxed{\frac{d^2 M}{dx^2} = \frac{dS}{dx} = -Wx} \ \left(M_x = -\iint_{C}^{D} Wx \cdot dx \, dx \right)$$

8. 캔틸레버보

1) 반력

① 캔틸레버보는 지점이 고정단 하나이므로 작용하는 전체 하중의 대수합이 반력이다. 즉, 고정단에는 수직, 수평, 모멘트 반력이 일어난다.

- 수직 반력 : 수직력의 대수합 ($\sum V = 0$, V_R)
- 수평 반력 : 수평력의 대수합 ($\sum H = 0$, H_R)
- 모멘트 반력 : 모멘트의 대수합 ($\sum M = 0$, M_R), 고정단에 대한 (하중×거리)의 대수합

> 모멘트 반력의 부호는 시계방향↻(+), 반시계방향↺(-)이다.

② 모멘트 하중만 작용하면 모멘트 반력만 일어난다.

③ 캔틸레버보는 반력을 구하지 않아도 단면력(전단력, 휨모멘트, 축방향력)을 계산할 수 있다.

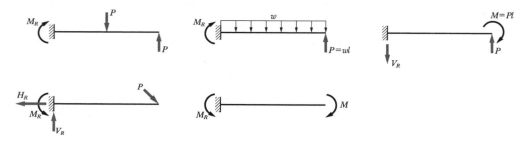

2) 전단력

① 전단력은 자유단 쪽에서 고정단 쪽으로 계산하는 것이 편하다.

② 방향이 같은 하중에 의한 전단력의 부호는 고정단의 위치에 따라 바뀐다.

예) 작용하중이 하향일 때

- 고정단이 좌측이면 (+) 전단력
- 고정단이 우측이면 (−) 전단력

③ 모멘트 하중만이 작용하면 전단력은 일어나지 않는다.

④ 최대전단력은 하중의 방향이 일정할 때(하향 또는 상향) 고정단에서 생긴다.

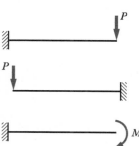

3) 휨모멘트

① 휨모멘트는 자유단 쪽에서 고정단 쪽으로 계산하는 것이 편하다.

② 휨모멘트 부호는 하중이 하향일 때 고정단의 위치에 관계없이 (−)이다.

③ 최대 휨모멘트는 하중의 방향이 일정할 때 (하향 또는 상향) 고정단에서 생긴다.

④ 자유단에서 임의 단면까지의 전단력도 면적은 그 단면의 휨모멘트 크기와 같다.

(a)

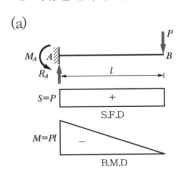

반　력

$R_A = P(\uparrow)$

$M_A = -Pl(\circlearrowleft)$

전단력

$S_{B \sim A} = P$

휨모멘트

$M_B = -P \times 0 = 0$

$M_A = -Pl$

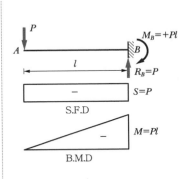

(b)

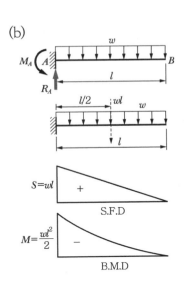

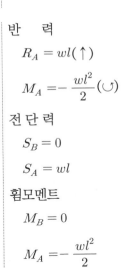

반　력

$R_A = wl(\uparrow)$

$M_A = -\dfrac{wl^2}{2}(\circlearrowleft)$

전단력

$S_B = 0$

$S_A = wl$

휨모멘트

$M_B = 0$

$M_A = -\dfrac{wl^2}{2}$

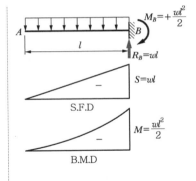

(c)

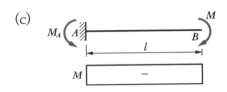

반　력 : $M_A = -M(\circlearrowleft)$

전단력 : $S_{B \sim A} = 0$

휨모멘트 : $M_A = -M$

(d)

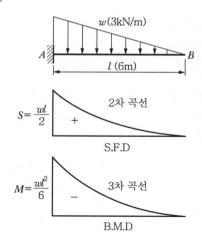

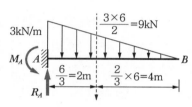

반 력
$$R_A = \frac{wl}{2} = \frac{3 \times 6}{2} = 9\text{kN}(\uparrow)$$
$$M_A = -\frac{wl}{2} \times \frac{l}{3} = -\frac{wl^2}{6}(\circlearrowleft)$$
$$= -9 \times 2 = -18\text{kN} \cdot \text{m}$$

전 단 력
$$S_B = 0, \ S_A = \frac{wl}{2} = \frac{3 \times 6}{2} = 9\text{kN}$$

휨모멘트
$$M_B = 0, \ M_A = -\frac{wl}{2} \times \frac{l}{3} = -\frac{wl^2}{6}$$

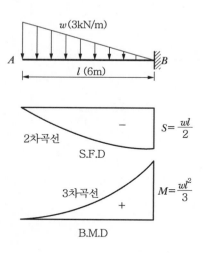

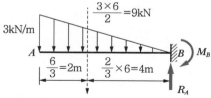

반 력
$$R_B = \frac{wl}{2} = \frac{3 \times 6}{2} = 9\text{kN}(\uparrow)$$
$$M_B = \frac{wl}{2} \times \frac{2}{3}l = \frac{wl^2}{3}(\circlearrowright)$$
$$= 9 \times 4 = 36\text{kN} \cdot \text{m}$$

전 단 력
$$S_A = 0$$
$$S_B = -\frac{wl}{2} = -\frac{3 \times 6}{2} = -9\text{kN}$$

휨모멘트
$$M_A = 0$$
$$M_B = -\frac{wl}{2} \times \frac{2}{3}l = -\frac{wl^2}{3}$$

9. 내민보

1) 해법

① 반력계산 : 내민 상태를 그대로 두고 힘의 평형조건으로 푼다. (단순보와 같다)

② 단면력 계산 : 단순보 구간은 단순보와 같고, 내민보 구간은 지점을 고정지점으로 간주하고 캔틸레버보와 같이 푼다.

2) 특성

① 단순보 구간에만 하중에 작용할 때는 단순보와 같다.

② 내민 부분(캔틸레버보 구간)에 하중이 작용하면 지점에 (-) 모멘트 영향을 일으킨다.

③ 내민 부분 한쪽에 작용하는 하중은 반대쪽 지점에 (-) 반력을 일으킨다.

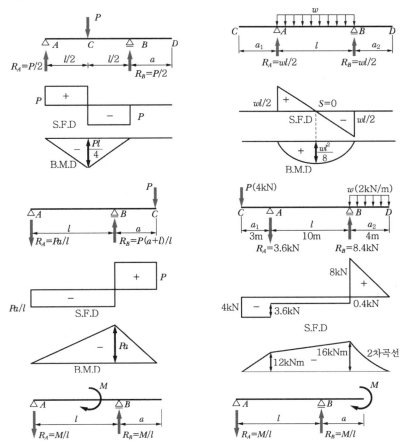

10. 게르버보

1) 정의

부정정 연속보에 부정정 차수 만큼의 힌지(활절)를 넣어 정정보로 만들어서, 힘의 평형방정식 3개만으로도 구조해석을 할 수 있는 보

2) 구조상 분류

① 내민보+단순보

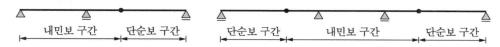

② 캔틸레버보+단순보

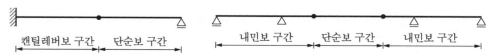

> 단순보 구간 : 마지막 힌지 지점+힌지 절점, 힌지 절점+힌지 절점
> 내민보 구간 : 힌지 절점 두 개+힌지 절점
> 캔틸레버보 구간 : 고정지점+힌지 절점

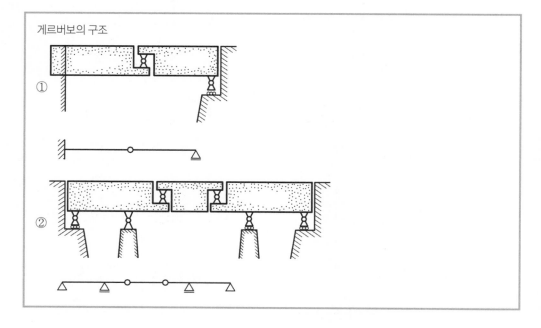

게르버보의 구조

3) 해법순서

① 주어진 게르버보를 단순보 구간과 내빈보 구간 및 캔틸레버보 구간 등으로 구분한다.

② 단순보 구간을 먼저 푼다. 힌지를 지점으로 생각하여 반력값을 계산한다.

③ 반력값을 내민보나 캔틸레버보의 해당 끝부분에 반대방향으로 작용시켜 외력으로 생각하고 내민보 부분과 캔틸레버보 부분을 푼다.

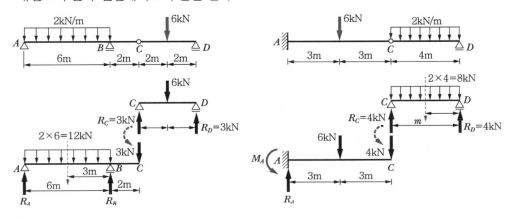

4) 특성

① 부정정 연속보에 부정정 차수만큼의 힌지절점을 넣었기 때문에 정정보가 된다. 따라서 힘의 방정식($\sum H = 0$, $\sum V = 0$, $\sum M = 0$) 3개만으로도 풀 수가 있다.

> 내부 힌지수=지점수 $- 2\,(h = n - 2)$

② 내부 힌지 절점에서는 휨모멘트가 0이다.

③ 전단력이 0이 되는 곳에서 큰 힘모멘트가 생기며, 그 중 절대값이 가장 큰 것이 최대 휨모멘트가 된다.

④ 구조상 단순보에 실린 하중은 내민보 부분(또는 캔틸레버보 부분)의 지점 반력이나 단면력에 영향을 주지만 내민보(또는 캔틸레버보)에 실린 하중은 단순해서 아무런 영향을 주지 않는다.

▮ 연습문제

예문 01 AC 부재의 자유물체도는?

정답

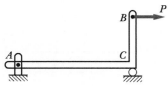 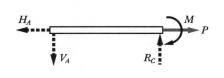

예문 02 그림과 같은 정정보의 지점반력은?

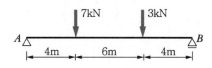

정답 $\sum M_B = 0$

$R_A \times 14 = 7 \times 10 + 3 \times 4$

$R_A = \dfrac{70 + 12}{14} = 5.86\text{kN}$

$\sum M_A = 0$

$R_B \times 14 = 7 \times 4 + 3 \times 10$

$R_B = \dfrac{28 + 30}{14} = 4.14\text{kN}$

예문 03 그림과 같은 단순보에서 집중하중에 의한 B 점의 수직반력(R_B) 값은?(단 자중은 무시한다)

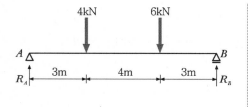

정답 $\sum M_B = 0$

$R_A \times 10 - 4 \times 7 - 6 \times 3 = 0$

$R_A = 4.6\text{kN}$

$\sum V = 0$

$-4 - 6 + R_A + R_B = 0$

$R_B = 5.4\text{kN}$

예문 04 그림과 같이 지점 A, B의 반력이 같기 위한 x 의 위치는?

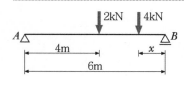

정답 1) $\sum V = R_A + R_B = 6\text{kN}$

2) A, B점의 반력이 같으려면 $R_A = R_B = 3\text{kN}$

3) $\sum M_B = R_A \times 6\text{m} - 2 \times 2\text{m} - 4 \times x = 0$

$\therefore x = \dfrac{3 \times 6 - 2 \times 2}{4} = 3.5\text{m}$

즉, 문제의 조건을 만족시키려면 4kN은 2kN 하중의 왼쪽에 있어야 한다.

예문 05 그림과 같은 라멘에서 BC 부재의 자유물체도는?

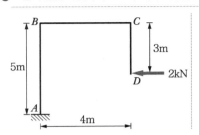

정답

2kN ▷ ──── B ──────────── C ──── ◁ 2kN

6kNm   6kNm

그러므로 BC 부재는 축력과 휨모멘트를 동시에 받는다.

예문 06 그림과 같은 구조물에서 지점 A의 수평반력의 크기는?

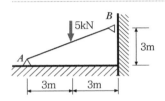

정답 1) $\sum M_A = 0$

$5 \times 3 - H_B \times 3 = 0$

$H_B = 5\text{kN}(\leftarrow)$

2) $\sum H = 0$

$H_A - 5 = 0$

$H_A = 5\text{kN}(\rightarrow)$

예문 07 그림과 같은 단순보에서 A지점의 반력 R_A는?

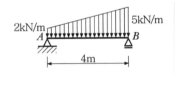

정답

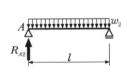

$$R_A = R_{A1} + R_{A2} = \frac{w_1 l}{6} + \frac{w_2 l}{2}$$

$$= \frac{3 \times 4}{6} + \frac{2 \times 4}{2} = 2 + 4 = 6\text{kN}$$

예문 08 다음 그림과 같은 단순보에서 지점반력을 구하시오.(단, A, B점의 지점반력은 R_A, R_B임)

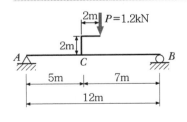

정답 1) $\sum M_A = 0$

$1.2 \times 7 - R_B \times 12 = 0$

$R_B = 0.7\text{kN}(\uparrow)$

2) $\sum V = 0$

$R_A - 1.2 + 0.7 = 0$

$R_A = 0.5\text{kN}(\uparrow)$

앞표지

예문 09 목조지붕 구조물에서 눈(Snow)에 의한 하중이 그림과 같이 집중하중으로 작용할 때, A와 B지점의 수직 및 수평반력의 값은?

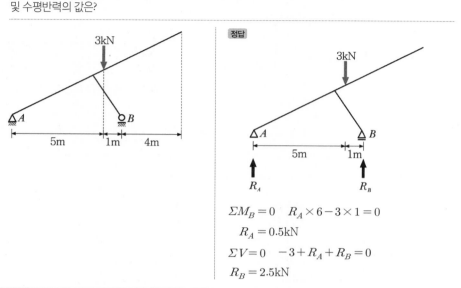

정답

$\Sigma M_B = 0 \quad R_A \times 6 - 3 \times 1 = 0$

$R_A = 0.5\text{kN}$

$\Sigma V = 0 \quad -3 + R_A + R_B = 0$

$R_B = 2.5\text{kN}$

예문 10 다음 그림과 같은 구조물에 집중하중이 작용할 때 CD 부분의 축방향력은?

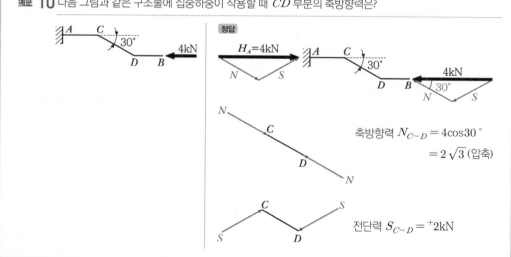

정답

축방향력 $N_{C \sim D} = 4\cos 30° = 2\sqrt{3}$ (압축)

전단력 $S_{C \sim D} = {}^+2\text{kN}$

예문 11 다음 그림과 같은 단순보의 반력 값은?

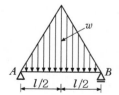

정답 $R_A = R_B = \dfrac{\triangle \text{면적}}{2} = \dfrac{\frac{wl}{2}}{2} = \dfrac{wl}{4}$

예문 12 다음 그림과 같은 하중이 작용하는 단순보에서 C점의 전단력 크기는?

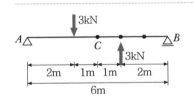

정답 1) $\Sigma M_B = 0$ 에서

$$+R_A \times 6\text{m} - 3\text{kN} \times 4\text{m} + 3\text{kN} \times 2\text{m} = 0$$

$$\therefore R_A = 1\text{kN}$$

2)

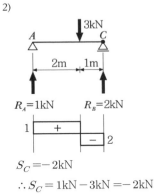

$$S_C = -2\text{kN}$$

$$\therefore S_C = 1\text{kN} - 3\text{kN} = -2\text{kN}$$

예문 13 다음 그림과 같은 경사 단순보의 C점에 $P = 8\text{kN}$ 가 연직 하향으로 작용할 때 AC구간의 전단력의 크기는?

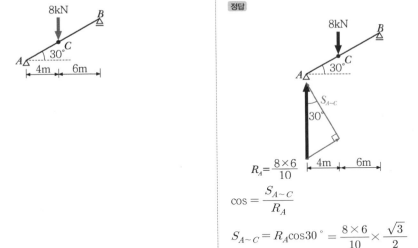

정답

$$R_A = \frac{8 \times 6}{10}$$

$$\cos = \frac{S_{A\sim C}}{R_A}$$

$$S_{A\sim C} = R_A \cos 30^\circ = \frac{8 \times 6}{10} \times \frac{\sqrt{3}}{2}$$

$$= 2.4\sqrt{3}\,\text{kN}$$

예문 14 그림과 같은 보에서 $E \sim F$ 구간의 전단력은?

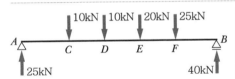

정답 좌측에서 풀이 들어가면

$$S_{E\sim F} = -25 - 10 - 10 - 20 = -15\text{kN}$$

우측에서 좌측으로 풀면

$$S_{E\sim F} = -40 + 25 = -15\text{kN}$$

예문 15 다음 그림과 같은 보의 A 지점의 반력은?

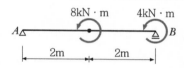

정답

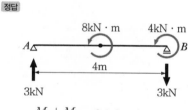

$$R_A = \frac{M_1 + M_2}{l} = \frac{8+4}{4} = 3\text{kN}(\uparrow)$$

예문 16 다음 단순보에서 $C-D$ 간의 휨모멘트를 일정하게 하기 위한 하중 P_1, P_2와 거리, a, b사이에 대한 관계를 구하시오.

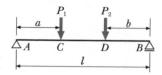

정답 1) $M_C = R_A \cdot a = P_1 : a$

2) $M_D = R_B \cdot b = P_2 \cdot b$

3) $M_C = M_D$이므로

$P_1 \cdot a = P_2 \cdot b$

$\therefore P_1 : P_2 = b : a$

C-D 간의 휨모멘트가 일정하려면 전단력이 0이어야 한다.

예문 17 그림과 같은 보에서 BC 부재의 전단력과 축방향력은?

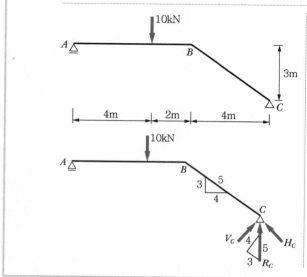

정답 $R_C = \dfrac{10 \times 4}{10} = 4\text{kN}$

$S_C = R_C \times \dfrac{4}{5} = 4 \times \dfrac{4}{5} = 3.2\text{kN}$

$\therefore S_{B\sim C} = -V_C = -3.2\text{kN}$

$N_C = R_C \times \dfrac{3}{5} = 4 \times \dfrac{3}{5} = 2.4\text{kN}$

$\therefore N_{B\sim C} = -2.4\text{kN}$

예문 18 다음 보에서 C, D, E 점의 휨모멘트 값은?

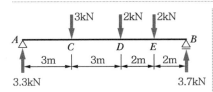

정답 $M_C = 3.3 \times 3 = 9.9\text{kN} \cdot \text{m}$

$M_D = 3.3 \times 6 - 3 \times 3 = 10.8\text{kN} \cdot \text{m}$

$M_E = 3.3 \times 8 - 3 \times 5 - 2 \times 2 = 7.4\text{kN} \cdot \text{m}$

또는

$M_E = 3.7 \times 2 = 7.4\text{kN} \cdot \text{m}$

예문 19 다음 그림과 같은 중앙점의 휨모멘트는 얼마인가?

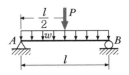

정답 $M = \dfrac{P \cdot l}{4} + \dfrac{w \cdot l^2}{8}$

예문 20 다음 그림과 같이 C점의 전단력은?

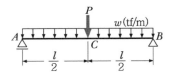

정답 1) $\sum M_B = 0$

$R_A \times l - P \times \dfrac{l}{2} - \dfrac{w \cdot l^2}{2} = 0$

$R_A = \dfrac{P}{2} + \dfrac{w \cdot l}{2}$

2) $S_C = R_A - \dfrac{w \cdot l}{2}$

$= \dfrac{P}{2}$

예문 21 다음 그림과 같이 C 위치에서 집중하중 P를 받는 단순보가 탄성거동을 할 경우, 보 전체 경간의 1/2 위치에서 발생하는 휨모멘트는?(단 $b > a$이고, 자중은 무시하며 정모멘트를 +로 가정한다)

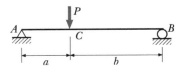

정답 1) 반력

$\Sigma M_B = 0$

$R_A \times (a+b) - Pb = 0$

$R_A = \dfrac{Pb}{a+b}$

2) $M_{중앙} = R_A \times (\dfrac{a+b}{2}) - P(\dfrac{a+b}{2} - a)$

$= \dfrac{Pb}{2} - P(\dfrac{-a+b}{2})$

$= \dfrac{Pb}{2} + \dfrac{Pa}{2} - \dfrac{Pb}{2}$

$= \dfrac{Pa}{2}$

예료 22 다음 그림과 같은 구조물의 C점에 수직하중 10kN 가 작용한다면 C점의 휨모멘트는?

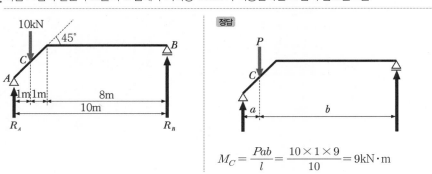

정답

$$M_C = \frac{Pab}{l} = \frac{10 \times 1 \times 9}{10} = 9\text{kN} \cdot \text{m}$$

예료 23 다음 그림과 같은 하중을 받는 단순보에서 경간의 중앙부에 발생하는 휨모멘트는?

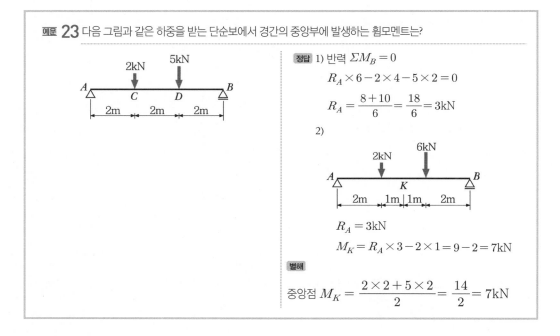

정답 1) 반력 $\Sigma M_B = 0$

$$R_A \times 6 - 2 \times 4 - 5 \times 2 = 0$$

$$R_A = \frac{8 + 10}{6} = \frac{18}{6} = 3\text{kN}$$

2)

$$R_A = 3\text{kN}$$

$$M_K = R_A \times 3 - 2 \times 1 = 9 - 2 = 7\text{kN}$$

별해

중앙점 $M_K = \dfrac{2 \times 2 + 5 \times 2}{2} = \dfrac{14}{2} = 7\text{kN}$

예료 24 경간 l인 단순보가 등분포하중 w를 받는 경우, 경간 중앙 위치에서의 휨모멘트 M과 전단력 V를 구하시오.

정답

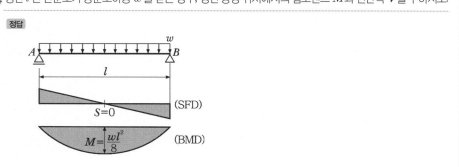

예제 25 다음 그림과 같은 단순보의 C점의 휨모멘트 값은?

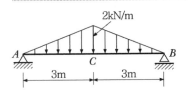

정답 $M_C = \dfrac{wl^2}{12} = \dfrac{2 \times 6^2}{12} = 6\text{kN} \cdot \text{m}$

예제 26 다음 그림과 같이 $x = \dfrac{l}{2}$ 인 점의 전단력은 몇 kN인가?

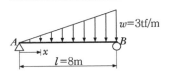

정답 $S_{\left(\frac{l}{2}\right)} = \dfrac{w \cdot l}{24} = \dfrac{3 \times 8}{24} = 1\text{kN}$

예제 27 다음 그림과 같은 구조물의 지점 A, B에서 반력 R_A, R_B는?

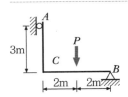

정답 1) $\sum M_B = 0$에서

$H_A \times 3\text{m} - \text{P} \times 2\text{m} = 0$

$\therefore H_A = 0.67P(\rightarrow)$

2) $\sum V = 0$에서

$-P + V_B = 0$

$\therefore V_B = P(\uparrow)$

3) $\sum H = 0$에서

$H_A - H_B = 0$

$\therefore H_B = 0.67P(\leftarrow)$

$\therefore R_A = H_A = 0.67P$

4) $R_B = \sqrt{V_B^2 + H_B^2} = 1.2P$

예제 28 다음 그림과 같은 단순보에서 C점의 모멘트는?

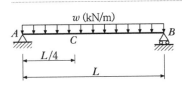

정답 1) $\sum M_B = R_A \times L - (wL) \times \dfrac{L}{2} = 0$

$\therefore R_A = \dfrac{wL}{2}(\uparrow)$

2) $M_C = \dfrac{wL}{2} \times \dfrac{L}{4} - \left(\dfrac{wL}{4}\right) \times \dfrac{L}{8} = \dfrac{3wL^2}{32}$

예문 29 다음 그림과 같이 집중하중이 작용하는 단순보의 최대 휨모멘트 값은?

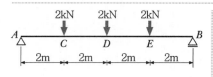

정답 대칭구조이므로 최대 휨모멘트는 중앙점 D점 M_D

$$M_D = R_A \times 4 - 2 \times 2$$
$$= \left(\frac{6}{2}\right) \times 4 - 4$$
$$= 12 - 4$$
$$= 8\text{kN} \cdot \text{m}$$

예문 30 다음 그림과 같은 단순보에서 n점이 받는 힘은?

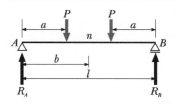

정답 1) 하중이 좌우대칭이므로 $R_A = R_B = P$

2) 전단력은 $S_n = R_A - P = 0$

3) 휨모멘트는 $M_n = P \times b - P \times (b-a) = Pa$

4) n점에서는 휨모멘트만 생긴다.

예문 31 다음 그림과 같은 보에서 Q점에 대한 전단력(S_Q)과 휨모멘트(M_Q)는?

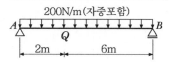

정답 $S_Q = \dfrac{w}{2}(b-a) = \dfrac{200}{2}(6-2) = 400\text{N}$

$M_Q = \dfrac{w}{2}ab = \dfrac{200}{2} \times 2 \times 6 = 1{,}200\text{N} \cdot \text{m}$

예문 32 다음 그림과 같은 단순보에서 A지점의 반력은?

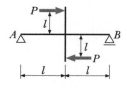

정답 $\sum M_B = 0$에서

$$V_A \times 2l + P \times l + P \times l = 0$$
$$\therefore V_A = -P(\downarrow)$$

하중이 시계방향의 우력이므로 반력은 반시계방향의 우력이 되어야 한다.

예문 33 단순보의 하중상태에 대한 전단력도를 그리시오.

정답

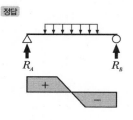

예제 34 그림과 같이 길이가 l인 단순보에 등분포하중 w가 재하되고 있다. 이때 A를 기준으로한 전단력 선 방정식(S_x) 및 휨모멘트 선 방정식(M_x)을 구하면?

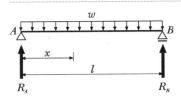

정답 1) 전단력 $S_x = \dfrac{wl}{2} - wx$

2) 휨모멘트 $M_x = \dfrac{wl}{2} \times x - wx \times \dfrac{x}{2}$

$$= \dfrac{wl}{2}x - \dfrac{w}{2}x^2$$

$$M_x = \int S_x d_x$$

예제 35 다음 그림과 같은 단순보의 최대 휨모멘트 값은?

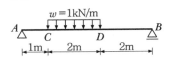

정답

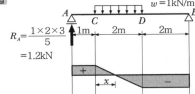

$R_A = \dfrac{1 \times 2 \times 3}{5}$
$= 1.2\text{kN}$

1) $x = \dfrac{R_A}{w} = \dfrac{1.2}{1} = 1.2\text{m}$

2)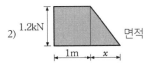

$M_{\max} = (1.2 \times 1) + \left(1.2 \times 1.2 \times \dfrac{l}{2}\right)$

$$= 1.2 + 0.72$$

$$= 1.92\text{kN} \cdot \text{m}$$

예제 36 그림과 같이 단순보의 양 지점에 모멘트가 작용할 때 이 보에 일어나는 휨모멘트도(B.M.D.)를 그리시오.

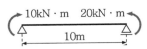

정답

예문 37 그림의 보에서 C점의 전단력 및 최대 휨모멘트는 얼마인가?

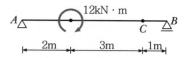

정답 1) $\Sigma M_B = 0$에서

$$-R_A \times 6m + 12kN \cdot m = 0$$

2) $S_C = -R_A = -2kN$

3) $M_{max} = 8kN \cdot m$

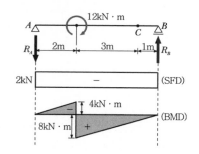

예문 38 그림과 같은 단순보 C점에 모멘트 하중이 작용할 경우, x점의 휨모멘트는?

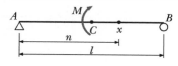

정답 1) $\sum M_A = 0$

$$M - R_B \times l = 0, \quad R_B = \frac{M}{l}(\uparrow)$$

$$\therefore R_A = \frac{M}{l}(\downarrow)$$

2) $M_x = -R_A \times n + M$

$$= -\frac{M}{l}n + M$$

$$= \frac{M}{l}(l-n)$$

예문 39 다음 그림에서 C점의 휨모멘트 값(M_C)은?

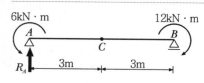

정답

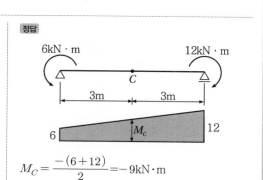

$$M_C = \frac{-(6+12)}{2} = -9kN \cdot m$$

예문 40 그림과 같은 단순보에 간접하중이 작용할 경우 M_D를 구하면?

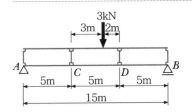

정답

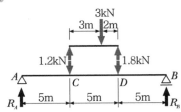

1) $\sum M_A = 0$

   $1.2 \times 5 + 1.8 \times 10$

   $- R_B \times 15 = 0$

   $R_B = 1.6\text{kN}$

2) $M_D = R_B \times 5 = 8\text{kN} \cdot \text{m}$

예문 41 그림과 같은 하중이 작용하는 단순보에서 C점의 전단력(kN)은?

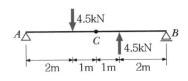

정답

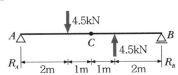

1) 반력 $-4.5 \times 2 + R_A \times 6 = 0$

   $R_A = \dfrac{9}{6} = \dfrac{3}{2} = 1.5\text{kN}$

2) $S_C = R_A - 4.5$

   $= 1.5 - 4.5$

   $= -3\text{kN}$

예문 42 다음 그림과 같은 중앙점의 휨모멘트는?

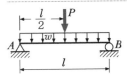

정답 1) 지간 l인 단순보에 등분포하중 w가 만재된 경

   우 중앙점의 모멘트는 $\dfrac{w \cdot l^2}{8}$ 이다.

2) 집중하중 P가 부재 중앙에 작용할 경우의 모멘

   트는 $\dfrac{P \cdot l}{4}$ 이다.

3) $M_C = \dfrac{P \cdot l}{4} + \dfrac{w \cdot l^2}{8}$

예제 43 그림에서 중앙점 C의 휨모멘트 M_c는?(단, C는 보의 중앙)

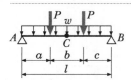

정답 $\therefore M_c = \dfrac{wl^2}{8} + Pa$

예제 44 간접하중을 받는 단순보에 대한 영향선을 그리시오.

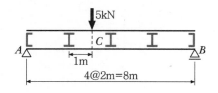

정답 ① 전단력도

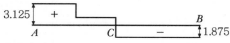

② 휨모멘트도

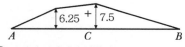

③ C점의 전단력의 영향선도

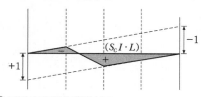

④ 지점 A의 반력 영향선도

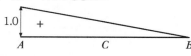

예제 45 휨모멘트 M, 전단력 S, 등분포하중 w, 하향처짐 y의 상호관계식은?

정답 1) $\dfrac{dM}{dx} = S, \quad \dfrac{dS}{dx} = -w$

$\therefore \dfrac{d^2M}{dx^2} = \dfrac{dS}{dx} = -w$

2) $M = \displaystyle\int S \cdot dx = -\iint w \cdot dx \cdot dx$

예문 46 하중, 전단력 및 휨모멘트와의 관계식을 쓰시오.

정답 1) $\dfrac{d^2 M}{dx} = \dfrac{dS}{dx} = -w_x$

2) $M = \displaystyle\int S dx = -\iint w_x dx dx$

예문 47 정정보의 단면력 중 전단력에 관한 특징을 서술하시오.

정답 ① 어떤 점까지의 전단력도(S.F.D) 면적은 그 지점의 휨모멘트 값이다.
② 전단력을 1차 적분하면 하중이 된다.
③ 전단력을 1차 적분하면 휨모멘트가 된다.
④ 전단력은 휨모멘트를 2차 미분한 것이다.

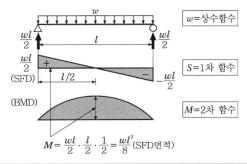

$M = \dfrac{wl}{2} \cdot \dfrac{l}{2} \cdot \dfrac{1}{2} = \dfrac{wl^2}{8}$(SFD면적)

예문 48 그림 (b)는 그림 (a)의 전단력도이다. 전단력도를 이용하여 보에 작용하는 하중(w, P)의 크기와 최대 휨모멘트의 값은?

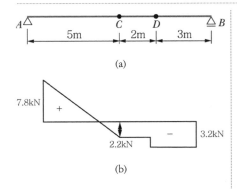

(a)

(b)

정답

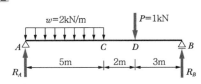

• 하중(w, P)의 크기

$-S_C = R_A - 5w$

$\therefore w = \dfrac{R_A + S_C}{5} = \dfrac{10}{5} = 2\text{kN/m}$

$-S_C = -R_B + P$

$\therefore P = R_B - S_C = 3.2 - 2.2 = 1\text{kN}$

• 최대 휨모멘트

$x = \dfrac{R_A}{w} = \dfrac{7.8}{2} = 3.9\text{m}$

$\therefore M_{max} = \dfrac{7.8 \times 3.9}{2} = 15.21\text{kN/m}$

예문 49 A 점으로부터 최대 휨모멘트가 일어나는 위치와 모멘트의 값은?

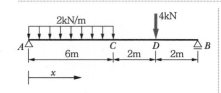

정답 $R_A = \dfrac{1}{10}(2 \times 6 \times 7 + 4 \times 2) = 9.2\,\text{kN}$

$$x = \frac{R_A}{w} = \frac{9.2}{2} = 4.6\,\text{m}$$

$$M_{\max} = \frac{9.2 \times 4.6}{2} = 21.16\,\text{kN} \cdot \text{m}$$

예문 50 다음 그림과 같은 보에서 최대 휨모멘트가 발생되는 위치는 지점 A로부터 얼마인가?

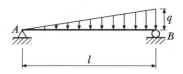

정답 1) $\sum M_B = R_A \times l - \dfrac{q \cdot l}{2} \times \dfrac{l}{3} = 0$

$$\therefore R_A = \frac{q \cdot l}{6}$$

2) 최대 휨모멘트는 전단력이 0이 되는 곳이므로

$$S_x = \frac{q \cdot l}{6} - \frac{q \cdot x}{l} \times x \times \frac{1}{2} = 0$$

$$\therefore x = \frac{1}{\sqrt{3}} = 0.577l$$

예문 51 다음과 같은 등변분포하중을 받는 캔틸레버보의 고정단에 작용하는 휨모멘트 크기의 비율(a : b : c)을 구하시오.

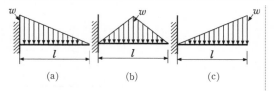

(a)　　　　　　(b)　　　　　　(c)

정답

(a) $M_A = \left(\dfrac{1}{2} \times w \times l\right) \times \dfrac{l}{3} = \dfrac{wl^2}{6}$

(b) $M_B = \left(w \times l \times \dfrac{1}{2}\right) \times \dfrac{l}{2} = \dfrac{wl^2}{4}$

(c) $M_C = \left(\dfrac{1}{2} \times w \times l\right) \times \dfrac{2}{3}l = \dfrac{wl^2}{3}$

예문 52 다음 그림과 같은 (a), (b)의 두 보에서 $|M_C| = |M_D|$가 되려면 스팬의 길이 l_1은 l_2의 몇 배가 되어야 하는가?

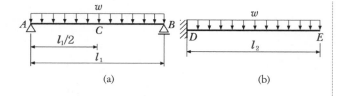

(a)　　　　　　　　(b)

정답 $\therefore M_C = M_{D_z}$가 되려면

$$\frac{wl_1^2}{8} = \frac{wl_2^2}{2}$$

$l_1^2 = 4l_2^2$이다.

l_1은 l_2의 2배가 된다.

예문 53 단순보의 전단력도가 그림과 같을 때 보의 최대 휨모멘트는?

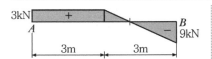

정답

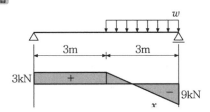

1) $R_A = \text{kN},\ R_B = 9\text{kN}$

2) $w = \dfrac{3+9}{3} = 4\text{kN/m}$

3) 전단력이 0인 위치 $x = \dfrac{R_B}{w} = \dfrac{9}{4}$

4) $M_{\max} = x \times 9 \times \dfrac{1}{2} = \dfrac{9}{4} \times 9 \times \dfrac{1}{2}$

   $= 10,125\text{kN·m}$

예문 54 그림과 같은 캔틸레버보에서 A점의 휨모멘트는?

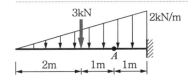

정답

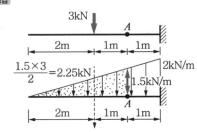

$M_A = -3 \times 1 - 2.25 \times 1$

$\quad = -5.25\text{kN·m}$

예문 55 그림과 같은 보의 A단의 휨모멘트는?

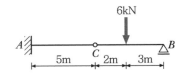

정답

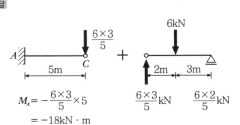

$M_A = -\dfrac{6 \times 3}{5} \times 5$

$\quad = -18\text{kN·m}$

예문 56 다음 그림에서 최대 모멘트의 크기를 구하시오(단, 보의 자중은 무시한다)

보기

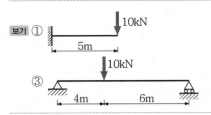

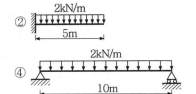

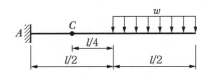

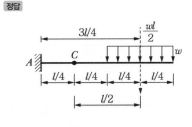

정답 ① $M_{\max} = 10 \times 5 = 50\text{kN} \cdot \text{m}$

② $M_{\max} = (2 \times 5) \times 2.5 = 25\text{kN} \cdot \text{m}$

③ $M_{\max} = \dfrac{Pab}{l} = \dfrac{10 \times 4 \times 6}{10} = 24\text{kN}$

④ $M_{\max} = \dfrac{wl^2}{8} = \dfrac{2 \times 10^2}{8} = 25\text{kN} \cdot \text{m}$

예문 57 그림과 같은 캔틸레버보에서 C점과 고정단 A점의 휨모멘트는?

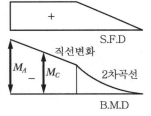

정답

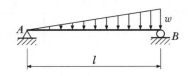

$M_A = -\dfrac{wl}{2} \times \dfrac{3l}{4}$ $\therefore M_A = -\dfrac{3wl^2}{8}$

$M_C = -\dfrac{wl}{2} \times \dfrac{l}{2}$ $\therefore M_C = -\dfrac{wl^2}{4}$

예문 58 지간길이 l인 단순보에 다음 그림과 같은 삼각형 분포하중이 작용할 때 발생하는 최대 휨모멘트의 크기는?

정답 최대 휨모멘트의 크기 $M_{\max} = \dfrac{wl^2}{9\sqrt{3}}$ 이다.

예문 59 다음 게르버보에서 C점의 휨모멘트 M_C와 전단력 S_C를 구하시오.

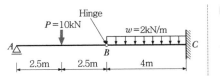

정답

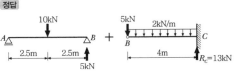

1) $S_C = -R_C = -5\text{kN} - (2\text{kN/m} \times 4\text{m})$
   $\qquad = -13\text{kN}$

2) $M_C = -5\text{kN} \times 4\text{m} - (2\text{kN/m} \times 4\text{m}) \times 2\text{m}$
   $\qquad = -36\text{kN} \cdot \text{m}$

예문 60 그림과 같은 게르버보에서 B점의 반력은?

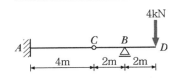

정답

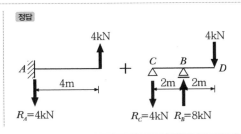

예문 61 다음 그림과 같은 게르버보에서 B점의 휨모멘트 값은?

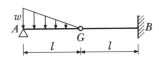

정답

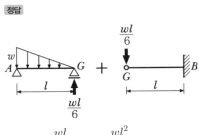

$$\therefore M_B = -\frac{wl}{6} \times l = -\frac{wl^2}{6}$$

예문 62 그림과 같은 정정보의 지점반력은?

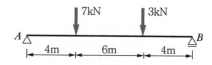

$\sum M_B = 0$

$R_A \times 14 = 7 \times 10 + 3 \times 4$

$R_A = \dfrac{70+12}{14} = 5.86\text{kN}$

$\sum M_A = 0$

$R_B \times 14 = 7 \times 4 + 3 \times 10$

$R_B = \dfrac{28+30}{14} = 4.14\text{kN}$

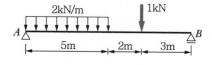

정답 $\sum M_B = 0$

$R_A \times 10 = 1 \times 3 + 2 \times 5 \times (2.5+5)$

$R_A = \dfrac{3+75}{10} = 7.8\text{kN}$

$\sum M_A = 0$

$R_B \times 10 = 1 \times 7 + 2 \times 5 \times 2.5$

$R_B = \dfrac{7+25}{10} = 3.2\text{kN}$

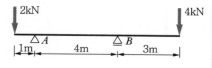

정답 $\sum M_B = 0$

$R_A \times 4 = 2 \times 5 - 4 \times 3$

$R_A = \dfrac{10-12}{4} = -0.5\text{kN} \downarrow$

$\sum M_A = 0$

$R_B \times 4 = 4 \times 7 - 2 \times 1$

$R_B = \dfrac{28-2}{4} = 6.5\text{kN} \uparrow$

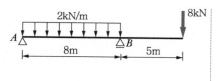

정답 $\sum M_B = 0$

$R_A \times 8 = 2 \times 8 \times 4 - 8 \times 5$

$R_A = \dfrac{64-40}{8} = 3\text{kN} \uparrow$

$\sum M_A = 0$

$R_B \times 8 = 2 \times 8 \times 4 + 8 \times 13$

$R_B = \dfrac{64+104}{8} = 21\text{kN} \uparrow$

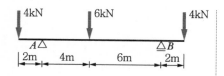

정답 $\sum M_B = 0$

$R_A \times 10 = 4 \times 12 + 6 \times 6 - 4 \times 2$

$R_A = \dfrac{84-8}{10} = 7.6\text{kN}$

$\sum M_A = 0$

$R_B \times 10 = 4 \times 12 + 6 \times 4 - 4 \times 2$

$R_B = \dfrac{72-8}{10} = 6.4\text{kN}$

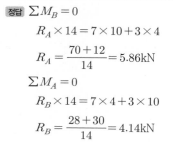
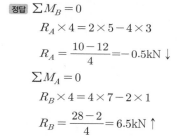

예문 63 그림과 같은 내민보에서 최대 전단력과 휨모멘트가 일어나는 점의 위치는?

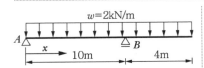

정답

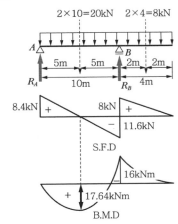

$R_A \times 10 = 20 \times 5 - 8 \times 2 \quad \therefore R_A = 8.4\text{kN}(\uparrow)$

$R_B \times 10 = 20 \times 5 + 8 \times 12 \quad \therefore R_B = 19.6\text{kN}(\uparrow)$

$S_{\max} = S_B(\text{우}) = R_B - 2 \times 4 = 19.6 - 8 = 11.6\text{kN}$

최대 휨모멘트 일어나는 위치

$x = \dfrac{R_A}{w} = \dfrac{8.4}{2} = 4.2\text{m}$

$M_{\max} = 8.4 \times 4.2\dfrac{1}{2} = 17.64\text{kN}\cdot\text{m}$

예문 64 그림과 같이 하중이 작용할 때 휨모멘트가 0인 점의 거리를 B지점으로부터 구하면 얼마인가?

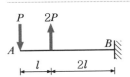

정답

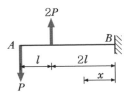

$\Sigma M_K = 0$

$\quad = -P[l + (2l - x)] + 2P[2l - x] = 0$

$\quad = -P(3l - x) + 4Pl - 2Px = 0$

$\quad = -3Pl + Px + 4Pl - 2Px = 0$

$Pl - Px = 0$

$x = l$

예문 65 다음 내민보에서 c점의 휨모멘트와 전단력은?

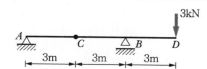

정답

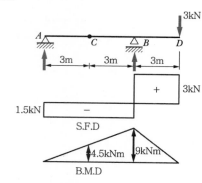

$$R_A \times 6 = 3 \times 3 \quad \therefore R_A = 1.5\text{kN}(\downarrow)$$
$$R_B \times 6 = 3 \times 9 \quad \therefore R_B = 4.5\text{kN}(\uparrow)$$
$$S_C = -R_A = -1.5\text{kN}$$
$$M_C = -1.5 \times 3 = -4.5\text{kN}\cdot\text{m}$$
최대 전단력과 최대 휨모멘트는
$$S_{\max} = S_B(\text{우}) = +3\text{kN}$$
$$M_{\max} = M_B = -3 \times 3 = -9\text{kN}\cdot\text{m}$$

예문 66 다음 내민보에서 지점 B의 반력이 0이 될 때 w의 크기는?

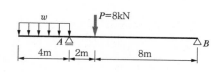

정답 $8 \times 2 = (w \times 4) \times 2$
$$\therefore w = 2\text{kN/m}$$

예문 67 다음 양단 내민보의 중앙점과 두 지점에서의 절대 최대 휨모멘트가 같게 되려면 l과 a의 관계는?

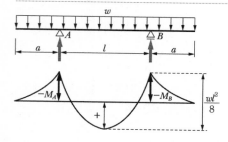

정답 $M_A = -wa\dfrac{a}{2} = -\dfrac{wa^2}{2}$

• M_A와 M_C의 절대값이 같다는 조건이므로
$$M_C + M_A = 2M_C = 2M_A = \frac{wl^2}{8}$$
$$\therefore M_C = \frac{wl^2}{16}$$

• $M_A = M_C$에서
$$\frac{wa^2}{2} = \frac{wl^2}{16} \rightarrow l = \sqrt{8}\,a = 2\sqrt{2}\,a$$

예문 68 다음 캔틸레버보에서 변곡점의 위치는 고정단 B점에서 얼마 떨어진 곳인가?

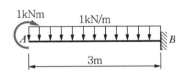

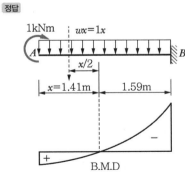

정답

$$M_x = 1 - 1x\frac{x}{2} = 0 \quad \frac{x^2}{2} = 1$$

$$\therefore x = \sqrt{2} = 1.41\text{m}$$

고정단 B점에서 $3 - 1.41 = 1.59\text{m}$

예문 69 그림과 같은 내민보에서 변곡점의 위치 x의 값은?

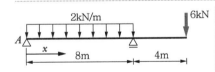

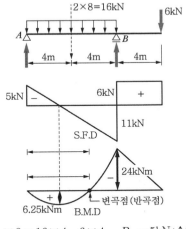

정답

$$R_A \times 8 = 16 \times 4 - 6 \times 4 \quad R_A = 5\text{kN}(\uparrow)$$

$$R_B \times 8 = 16 \times 4 + 6 \times 12 \quad R_B = 17\text{kN}(\uparrow)$$

$$S_{max} = R_B - 6 = 11\text{kN}$$

$$M_{max} = M_B = -6 \times 4 = -24\text{kN} \cdot \text{m}$$

휨모멘트가 0이 되는 변곡점은 전단력이 0이 되는 위치의 2배인 곳이다.

$$\therefore x = 2\frac{R_A}{w} = 2\frac{5}{2} = 5\text{m}$$

예문 70 다음 그림에서 반력 R_C가 0이 되려면 B점의 집중하중 P는 몇 kN인가?

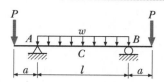

정답 $\Sigma M_A = 0$

$$-2 \times 3 \times \frac{3}{2} + P \times 3 = 0$$

$$-9 + 3P = 0$$

$$P = 3\text{kN}$$

예문 71 다음 그림과 같은 보에서 $w \cdot l = P$일 때, 이 보의 중앙점에서 휨모멘트가 0이면 a/l는?

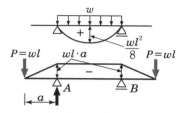

정답 1) 하중을 집중과 등분포로 나누어서 휨모멘트를 구하면 다음과 같다.

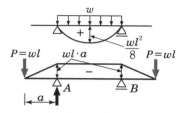

$(S_{AB} = 0$이므로 $M = -wl \cdot a$로 일정$)$

2) $M_C = +\dfrac{wl^2}{8} - wl \cdot a = 0$ $\therefore \dfrac{a}{l} = \dfrac{1}{8}$

예문 72 내민보의 휨모멘트 분포가 그림과 같이 되기 위한 a값은?

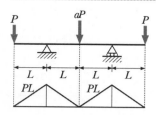

정답

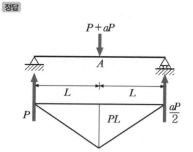

$$M_A = \frac{Pab}{l} = \frac{(p + \frac{aP}{2})(\cancel{L})(\cancel{L})}{2\cancel{L}} = P\cancel{L}$$

$$= \frac{\cancel{P}(1 + \frac{a}{2})}{2} = \cancel{P}$$

$$1 + \frac{a}{2} = 2 \quad a = 2$$

예문 73 그림과 같은 게르버보에서 A지점의 휨모멘트와 연직반력은?

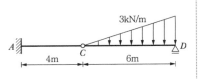

정답

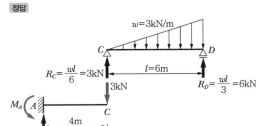

$R_A = 3\text{kN}$

$M_A = -3 \times 4 = -12\text{kN} \cdot \text{m}$

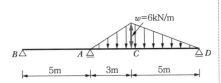

정답

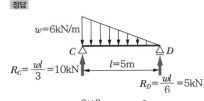

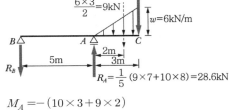

$M_A = -(10 \times 3 + 9 \times 2)$

$\quad = -48\text{kN} \cdot \text{m}$

$R_A = \dfrac{1}{5}(9 \times 7 + 10 \times 8) = 28.6\text{kN}$

예문 74 그림과 같은 내민보에서 D점에 집중하중 3kN이 가해질 때, C점의 휨모멘트는?

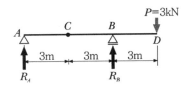

정답 1) $\sum M_B = 0$에서

$\quad R_A \times 6\text{m} + 3\text{kN} \times 3\text{m} = 0$

$\quad \therefore R_A = -1.5\text{kN}(\downarrow)$

2) $M_C = -1.5\text{kN} \times 3\text{m} = -4.5\text{kN} \cdot \text{m}$

예문 75 다음 그림과 같은 게르버보의 A점의 휨모멘트는?

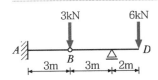

정답 1) $\sum M_C = 0$

$\quad V_B \times 3\text{m} - 3\text{kN} \times 3\text{m} + 6\text{kN} \times 2\text{m} = 0$

$\quad \therefore V_B = -1\text{kN}(\downarrow)$

2) $M_A = 1\text{kN} \times 3\text{m} = 3\text{kN} \cdot \text{m}$

예문 **76** 그림과 같은 내민보에서 A점의 수직 반력(R_A)의 크기가 0인 경우, B점 반력(R_B)의 크기는?(단, 보의 자중은 무시하며 w는 등변분포하중의 최대 크기를 나타낸다)

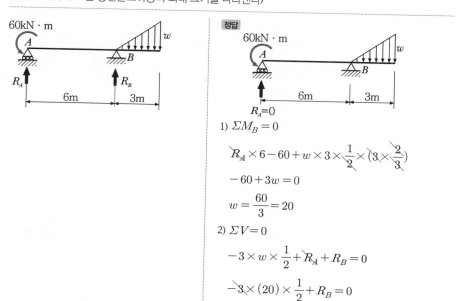

정답

$R_A=0$

1) $\Sigma M_B = 0$

$$R_A \times 6 - 60 + w \times 3 \times \frac{1}{2} \times \left(3 \times \frac{2}{3}\right)$$

$$-60 + 3w = 0$$

$$w = \frac{60}{3} = 20$$

2) $\Sigma V = 0$

$$-3 \times w \times \frac{1}{2} + R_A + R_B = 0$$

$$-3 \times (20) \times \frac{1}{2} + R_B = 0$$

$$R_B = 30\text{kN}$$

예문 **77** 다음 내민보의 B점에 작용하는 반력[kN]과 모멘트[kN·m]는?(단, 시계방향 모멘트를 정모멘트로 한다)

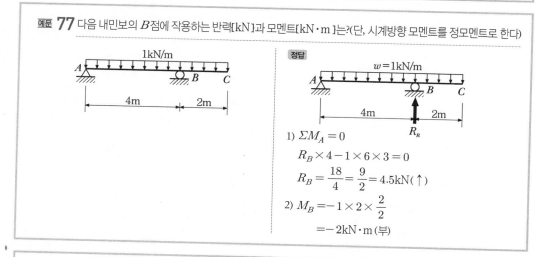

정답

1) $\Sigma M_A = 0$

$$R_B \times 4 - 1 \times 6 \times 3 = 0$$

$$R_B = \frac{18}{4} = \frac{9}{2} = 4.5\text{kN}(\uparrow)$$

2) $M_B = -1 \times 2 \times \frac{2}{2}$

$$= -2\text{kN·m (부)}$$

예문 **78** 다음 그림과 같은 구조물의 A점의 수직반력은?

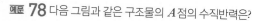

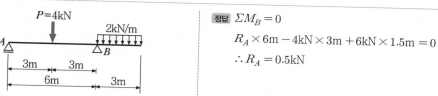

정답 $\Sigma M_B = 0$

$$R_A \times 6\text{m} - 4\text{kN} \times 3\text{m} + 6\text{kN} \times 1.5\text{m} = 0$$

$$\therefore R_A = 0.5\text{kN}$$

예문 79 그림과 같은 게르버보에서 A지점에 연직반력과 모멘트는?

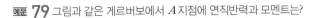
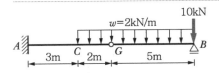

정답

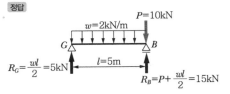

$R_G = \dfrac{wl}{2} = 5\text{kN}$ $R_B = P + \dfrac{wl}{2} = 15\text{kN}$

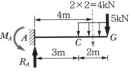

$R_A = 5 + 4 = 9\text{kN}(\uparrow)$

$M_A = -(5 \times 5 + 4 \times 4) = -41\text{kN} \cdot \text{m}$

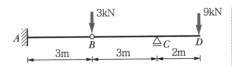

정답

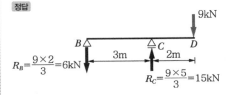

$R_B = \dfrac{9 \times 2}{3} = 6\text{kN}$ $R_C = \dfrac{9 \times 5}{3} = 15\text{kN}$

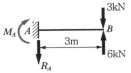

$R_A = 6 - 3 = 3\text{kN}$

$M_A = 3 \times 3 = 9\text{kN} \cdot \text{m}$

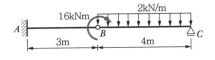

정답

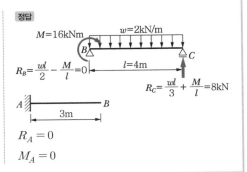

$R_B = \dfrac{wl}{2} - \dfrac{M}{l} = 0$ $R_C = \dfrac{wl}{3} + \dfrac{M}{l} = 8\text{kN}$

$R_A = 0$

$M_A = 0$

예문 80 그림과 같이 게르버보에 하중이 작용할 때, A지점의 반력을 구하면 얼마인가?

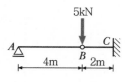

정답

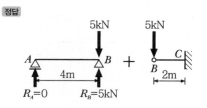

예문 81 다음 구조물에서 A지점의 휨모멘트 값은?

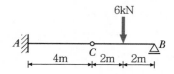

정답

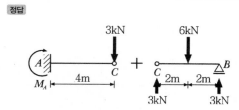

1) 단순보 구간

$$\Sigma M_B = 0$$

$$R_C \times 4 - 6 \times 2 = 0$$

$$R_C = \frac{12}{4} = 3\text{kN}(\uparrow)$$

$$\therefore R_B = 3\text{kN}$$

2) $M_A = -12\text{kN}\cdot\text{m}$

Structural Mechanics ● ● ●

05

정정라멘 및 정정아치

1. 정정라멘

1) 종류

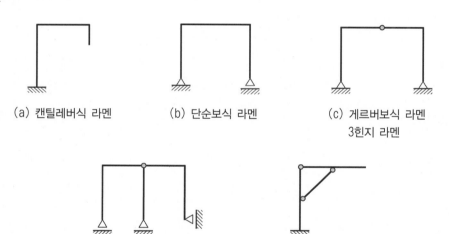

(a) 캔틸레버식 라멘

(b) 단순보식 라멘

(c) 게르버보식 라멘
3힌지 라멘

(d) 연속보식 라멘

(e) 합성라멘
3이동지점 라멘

2) 해법

해법과 부호의 규약은 정정보의 경우와 동일하다. 라멘의 경우 대부분 축방향력이 생기게 되나 실제로는 축방향이나 전단력은 휨모멘트에 비해 그 크기가 작게 된다.

3) 힌지 라멘

① 수직반력 : $\sum M = 0$을 이용하여 정정보와 마찬가지로 산정한다.

② 수평반력 : 정정보와 같이 $\sum H = 0$을 이용하여 산정할 수 없고, 힌지절점의 휨모멘트가 0
이 되는 조건을 이용하여 힌지절점 왼쪽(또는 오른쪽)만 생각하여 수평반력을
산정한다.

③ 수평반력의 성질

    (a) 수직하중에 의한 양 지점의 수평반력은, 방향은 서로 반대이고 크기는 같다.

    (b) 수평하중에 의한 양 지점의 수평반력은, 방향은 서로 같고 크기는 같거나 다르다.

④ 기본 3힌지 라멘의 수평반력

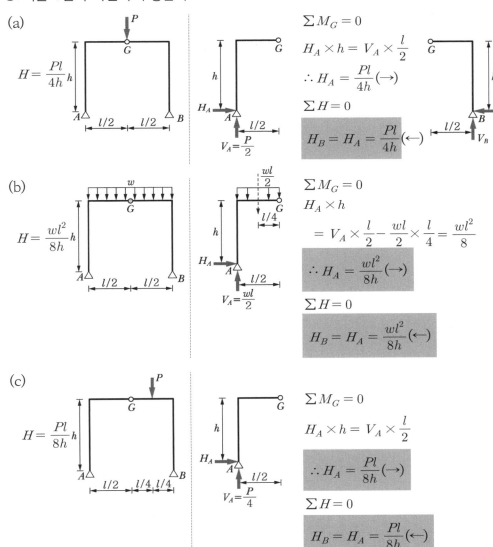

(a)
$$H = \frac{Pl}{4h}$$

$$\sum M_G = 0$$
$$H_A \times h = V_A \times \frac{l}{2}$$
$$\therefore H_A = \frac{Pl}{4h}(\rightarrow)$$
$$\sum H = 0$$
$$H_B = H_A = \frac{Pl}{4h}(\leftarrow)$$

(b)
$$H = \frac{wl^2}{8h}$$

$$\sum M_G = 0$$
$$H_A \times h$$
$$= V_A \times \frac{l}{2} - \frac{wl}{2} \times \frac{l}{4} = \frac{wl^2}{8}$$
$$\therefore H_A = \frac{wl^2}{8h}(\rightarrow)$$
$$\sum H = 0$$
$$H_B = H_A = \frac{wl^2}{8h}(\leftarrow)$$

(c)
$$H = \frac{Pl}{8h}$$

$$\sum M_G = 0$$
$$H_A \times h = V_A \times \frac{l}{2}$$
$$\therefore H_A = \frac{Pl}{8h}(\rightarrow)$$
$$\sum H = 0$$
$$H_B = H_A = \frac{Pl}{8h}(\leftarrow)$$

(d)

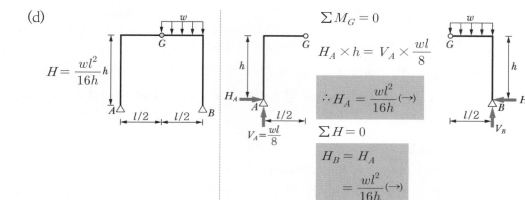

$$H = \frac{wl^2}{16h}$$

$$\sum M_G = 0$$

$$H_A \times h = V_A \times \frac{wl}{8}$$

$$\therefore H_A = \frac{wl^2}{16h}(\rightarrow)$$

$$\sum H = 0$$

$$H_B = H_A$$

$$= \frac{wl^2}{16h}(\rightarrow)$$

(e)

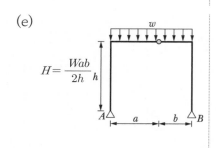

$$H = \frac{Wab}{2h}$$

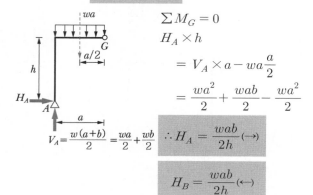

$$\sum M_G = 0$$

$$H_A \times h$$

$$= V_A \times a - wa\frac{a}{2}$$

$$= \frac{wa^2}{2} + \frac{wab}{2} - \frac{wa^2}{2}$$

$$\therefore H_A = \frac{wab}{2h}(\rightarrow)$$

$$H_B = \frac{wab}{2h}(\leftarrow)$$

(f)

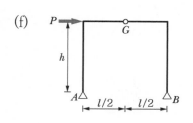

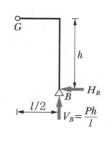

$$\sum M_G = 0$$

$$H_B \times h = V_B \times \frac{l}{2} = \frac{Ph}{2}$$

$$\therefore H_B = \frac{P}{2}(\leftarrow)$$

$$H_A = \frac{P}{2}(\leftarrow)$$

(g)

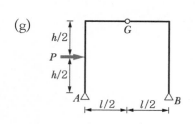

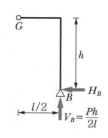

$$\sum M_G = 0$$

$$H_B \times h = V_B \times \frac{l}{2} = \frac{Ph}{4}$$

$$\therefore H_B = \frac{P}{4}(\leftarrow)$$

$$H_A = \frac{3}{4}P(\leftarrow)$$

(h)

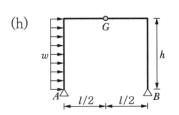

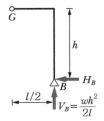

$$\sum M_G = 0$$

$$H_B \times h = V_B \times \frac{l}{2}$$

$$= \frac{wh^2}{4}$$

$$\therefore H_B = \frac{wh}{4} \; (\leftarrow)$$

$$H_A = \frac{3wh}{4} \; (\leftarrow)$$

(i)

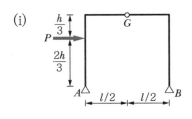

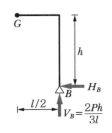

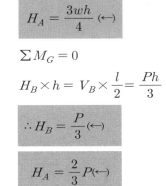

$$\sum M_G = 0$$

$$H_B \times h = V_B \times \frac{l}{2} = \frac{Ph}{3}$$

$$\therefore H_B = \frac{P}{3} (\leftarrow)$$

$$H_A = \frac{2}{3} P (\leftarrow)$$

(j)

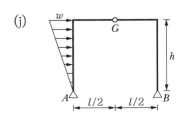

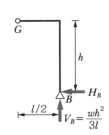

$$\sum M_G = 0$$

$$= V_B \times \frac{l}{2} = \frac{wh^2}{6}$$

$$\therefore H_B = \frac{wh}{6} (\leftarrow)$$

$$H_A = \frac{wh}{3} (\leftarrow)$$

2. 아치

1) 종류

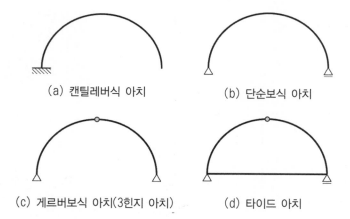

(a) 캔틸레버식 아치   (b) 단순보식 아치

(c) 게르버보식 아치(3힌지 아치)   (d) 타이드 아치

2) 해법

아치의 해법은 정정보나 정정라멘과 같으나 축방향력이 커지는 특성이 있다.

> 곡선 부재의 임의점의 전단력 및 축방향력은 그 점에서 곡선에 그은 접선으로부터 수직(법선) 방향의 분력의 대수합이 전단력이고, 수평(접선)방향이 분력의 대수합이 축방향력이다.

3) 3힌지 아치 및 타이드 아치

① 기본 3힌지 아치의 수평반력 : 3힌지 라멘의 해법과 같다.

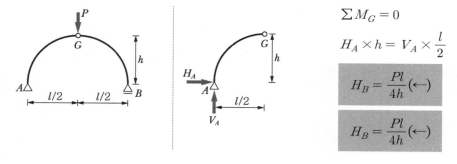

$$\sum M_G = 0$$

$$H_A \times h = V_A \times \frac{l}{2}$$

$$H_B = \frac{Pl}{4h} \ (\leftarrow)$$

$$H_B = \frac{Pl}{4h} \ (\leftarrow)$$

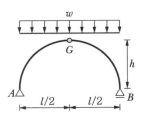
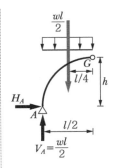

$$\sum M_G = 0$$

$$H_A \times h$$

$$= V_A \times \frac{l}{2} - \frac{wl}{2} \times \frac{l}{4}$$

$$= \frac{wl^2}{8}$$

$$\therefore H_A = \frac{wl^2}{8h} (\rightarrow)$$

$$H_B = \frac{wl^2}{8h} (\leftarrow)$$

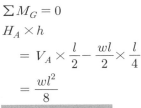

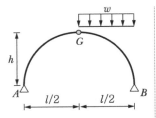
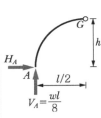

$$\sum M_G = 0$$

$$H_A \times h = V_A \times \frac{l}{2}$$

$$\therefore H_A = \frac{Pl}{8h} (\rightarrow)$$

$$H_B = \frac{Pl}{8h} (\leftarrow)$$

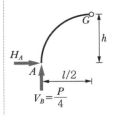

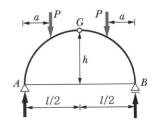
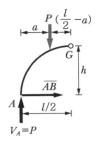

$$\sum M_G = 0$$

$$H_A \times h = V_A \times \frac{l}{2}$$

$$\therefore H_A = \frac{wl^2}{16h} (\rightarrow)$$

$$H_B = \frac{wl^2}{16h} (\leftarrow)$$

② 타이드 아치의 수평부재(AB)가 받는 힘 : 3힌지 아치의 수평반력 해법과 같다.

$$\sum M_G = 0$$

$$\overline{AB} \times h$$

$$= V_A \times \frac{l}{2} - P\left(\frac{l}{2} - a\right)$$

$$= \frac{Pl}{2} - \frac{Pl}{2} + Pa$$

$$\therefore \overline{AB} = \frac{Pa}{h} \text{ (인장)}$$

▌연습문제

예문 01 주어진 라멘에서 A 지점의 수직반력 V_A와 수평반력은?

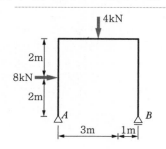

정답

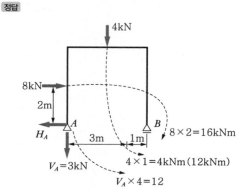

$8 \times 2 = 16 \text{kNm}$

$4 \times 1 = 4 \text{kNm} (12 \text{kNm})$

$V_A \times 4 = 12$

$$\sum H = 0 : H_A = 8 \text{kN} (\leftarrow)$$

$$\sum M_B = 0$$

$$V_A \times 4 = 4 \times 1 - 8 \times 2$$

$$\therefore V_A = -\frac{12}{4} = -3 \text{kN} (\downarrow) \quad \therefore V_A = 3 \text{kN} (\downarrow)$$

예문 02 다음 그림에서 D 지점의 반력의 크기는?

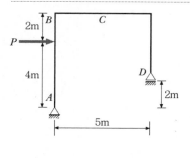

정답

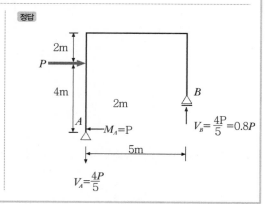

$M_A = P$

$V_B = \frac{4P}{5} = 0.8P$

$$V_A = \frac{4P}{5}$$

예문 03 정정 라멘에 그림과 같이 하중이 작용해서 A 지점의 반력이 0이 될 때 집중하중 P를 구하면?

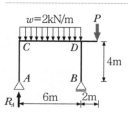

정답 $\sum M_B = 0$

$$-2 \times 6 \times \frac{6}{2} + P \times 2 = 0$$

$$-36 + 2P = 0$$

$$P = 18 \text{kN}$$

예문 04 다음 그림과 같이 분형 라멘에서 BC부재의 전단력은?

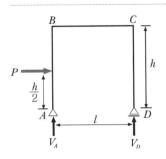

정답 $\sum M_A = 0$

1) $P \times \dfrac{h}{2} - V_D \times l = 0, \ V_D = \dfrac{P \cdot h}{2l}(\uparrow)$

2) $S_{BC} = V_A = V_D$

$= -\dfrac{P \cdot h}{2l}$

예문 05 그림과 같은 단순보식 라멘에서 C점의 휨모멘트는?

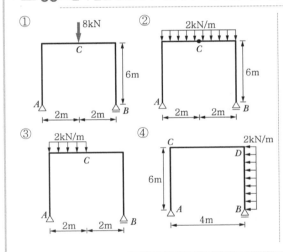

정답 1) $M_C = R_A \times 2 = 4 \times 2 = 8\text{kN} \cdot \text{m}$

또는 $M_C = \dfrac{Pl}{4} = \dfrac{8 \times 4}{4} = 8\text{kN} \cdot \text{m}$

2) $M_C = \dfrac{wl^2}{8} = \dfrac{2 \times 4 \times 4}{8} = 4\text{kN} \cdot \text{m}$

3) $R_B \times 4 = 2 \times 2 \times \dfrac{2}{2}$

$\therefore R_B = 1\text{kN} \cdot \text{m}$

$M_C = R_B \times 2 = 1 \times 2 = 2\text{kN} \cdot \text{m}$

4) $H_A = 2 \times 6 = 12\text{kN}(\rightarrow)$

$M_C = -H_A \times 6 = -72\text{kN}$

예문 06 그림과 같은 캔틸레버식 라멘에서 A점의 휨모멘트는?

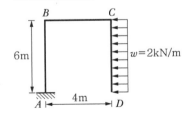

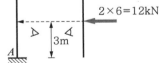

$M_A = 12 \times 3 = 36\text{kN} \cdot \text{m}$

$M_B = -12 \times 3 = -36\text{kN} \cdot \text{m}$

$M_C = -12 \times 3 = -36\text{kN} \cdot \text{m}$

$M_D = 0$

예문 07 그림과 같은 정정 라멘의 반력 중 A지점의 수평반력은?

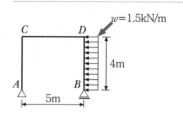

정답 $\Sigma H = 0$에서 $H_A - (1.5\text{kN/m} \times 4\text{m}) = 0$

$\therefore H_A = 6\text{kN}(\rightarrow)$

예문 08 그림과 같은 라멘의 C점에 생기는 휨모멘트는 얼마인가?

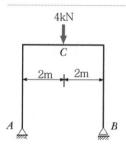

정답 1) $\sum M_B = 0$

$R_A \times 4 - 4 \times 2 = 0$

$R_A = 2\text{kN}$

2) $M_C = 2 \times 2 = 4\text{kN} \cdot \text{m}$

예문 09 다음과 같은 캔틸레버형 라멘에서 D점의 휨모멘트를 구하면?

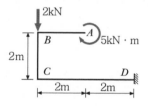

정답 자유단으로부터 구하면

$M_D = 2\text{kN} \times 4\text{m} - 5\text{kN} \cdot \text{m} = 3\text{kN} \cdot \text{m}$

예문 10 다음 그림과 같은 단순라멘에서 BMD를 그리시오.(단, w는 등분포하중을 의미한다.)

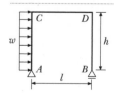

정답

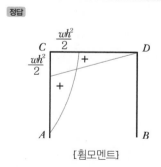

[휨모멘트]

예문 11 그림과 같은 라멘의 A 지점의 반력 모멘트는?

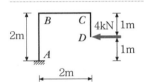

정답 $M_A = 4 \times 1 = 4\mathrm{kN \cdot m}$

예문 12 다음 그림과 같이 구조물에서 A 지점의 휨모멘트 크기를 구한 값은?

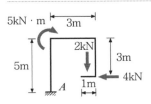

정답 $M_A = -5 - 2(3-1) + 4(5-3)$
$\qquad = -5 - 4 + 8 = -1\mathrm{kN \cdot m}$

예문 13 다음 그림과 같이 라멘의 자유단인 D 점에 15kN 이 작용한다. A 지점의 휨모멘트는?

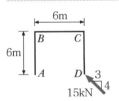

정답 $M_A = V_A \times 6$
$\qquad = 15\mathrm{kN} \times \dfrac{4}{5} \times 6\mathrm{m} = 72\mathrm{kN \cdot m} \,(\curvearrowright)$

예문 14 주어진 라멘의 굽힘 모멘트도(BMD)는?

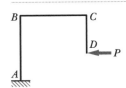

정답

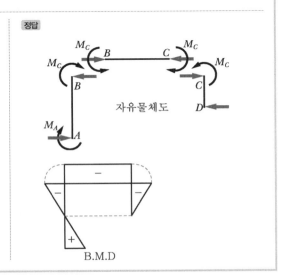

자유물체도

B.M.D

예문 15 다음 그림과 같은 라멘의 수평반력 H_A 및 H_D를 구하시오.

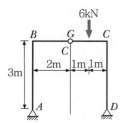

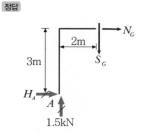

1) $\sum M_B = 0$

$\quad V_A \times 4 - 6 \times 1 = 0$

$\quad V_A = 1.5\text{kN}(\uparrow)$

2) $\sum M_C = 0$

$\quad 1.5 \times 2 - H_A \times 3 = 0$

$\quad H_A = 1\text{kN}(\rightarrow)$

3) $\sum H = 0$

$\quad 1 - H_D = 0$

$\quad H_D = 1\text{kN}(\leftarrow)$

예문 16 그림과 같은 3힌지 라멘의 수평지점 반력 H_A는 얼마인가?

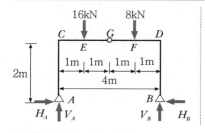

정답 1) $\sum M_B = 0$

$\quad V_A \times 4\text{m} - 16\text{kN} \times 3\text{m} - 8\text{kN} \times 1\text{m} = 0$

$\quad \therefore V_A = 14\text{kN}$

2) $\sum M_C = 0$

$\quad 14\text{kN} \times 2\text{m} - H_A \times 2\text{m} - 16\text{kN} \times 1\text{m} = 0$

$\quad \therefore H_A = 6\text{kN}$

예문 17 그림과 같은 3활절 라멘의 수평반력 H_A 값은?

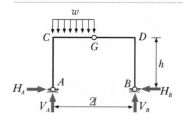

정답 1) $V_A = \dfrac{3}{4}wl$

2) $\sum M_C = 0$

$\quad \dfrac{3}{4}wl \times l - H_A \times h - wl \times \dfrac{l}{2} = 0$

$\quad H_A = \dfrac{wl^2}{4h}$

예문 18 그림과 같은 3힌지 라멘에서 ① 휨모멘트가 0이 되는 점의 수는? ② 휨모멘트도(B.M.D)는?

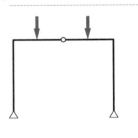

정답

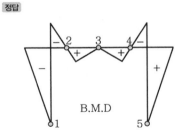

B.M.D

휨모멘트가 0이 되는 곳은 5군데

예문 19 그림과 같이 절점 B에 내부 힌지가 설치되어 있는 구조물에서 지점 A의 수평반력의 크기와 방향은?(단, 모든 부재는 좌굴이 일어나지 않는 것으로 가정한다.)

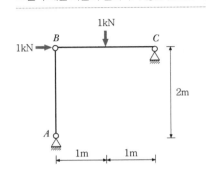

정답

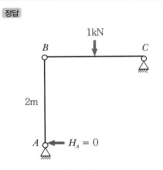

힌지점 B점 $M_B = 0$

$\therefore H_A \times 2 = 0$

$H_A = 0$

예문 20 그림과 같은 라멘에서 A 지점의 수평반력과 수직반력은?

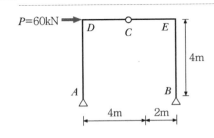

정답

1)

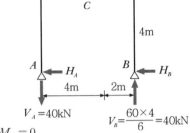

$V_A = 40kN$

$V_B = \dfrac{60 \times 4}{6} = 40kN$

2) $\Sigma M_C = 0$

$H_A \times 4 - 40 \times 4 = 0$

$H_A = 40(\leftarrow)$

예문 21 그림과 같은 아치에서 A점과 C점의 전단력 및 축방향력은?

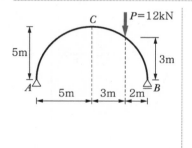

정답

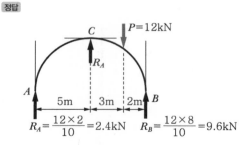

$$R_A = \frac{12 \times 2}{10} = 2.4\text{kN} \qquad R_B = \frac{12 \times 8}{10} = 9.6\text{kN}$$

$$N_A = -R_A = -2.4\text{kN}$$

$$N_C = 0$$

$$S_A = 0$$

$$S_C = R_A = 2.4\text{kN}$$

$$M_C = 2.4 \times 5 = 12\text{kN} \cdot \text{m}$$

예문 22 단순보형 아치가 중앙부에 수직력 P를 받았을 때, 축방향 응력도(Axial Force Diagram)의 형태를 구하시오.(단, 아치의 자중은 무시하며, r은 반경, $-$기호는 압축력, $+$기호는 인장력을 나타낸다)

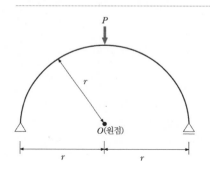

정답

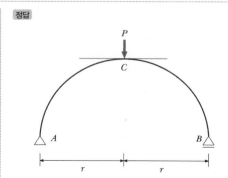

1) $S_A = 0$ 2) $S_C = R_A = \dfrac{P}{2}$

3) $N_A = R_A$ 4) $N_C = 0$

예문 23 그림과 같은 아치에서 임의 단면 C점의 전단력, 축방향력, 휨모멘트는?

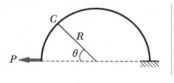

정답

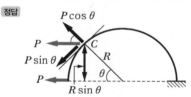

$$S_C = P\cos\theta$$

$$N_C = P\sin\theta$$

$$M_C = P \cdot R\sin\theta$$

예문 24 그림과 같은 3Hinge 원호형 아치의 정점에 4kN의 집중하중이 작용했을 때 A점의 수평반력은?

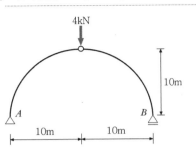

4kN

10m

A B

10m   10m

정답 $H_A = \dfrac{Pl}{4h} = \dfrac{4 \times 20}{4 \times 10} = 2\text{kN}$

예문 25 다음 그림과 같은 3힌지(Hinge) 아치에서 A지점의 수평반력을 구하시오.

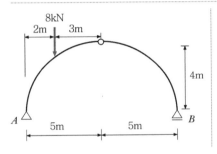

8kN

2m 3m

4m

A B

5m   5m

정답

1) $\sum M_B = R_A \times 10\text{m} - 8\text{kN} \times 8\text{m} = 0$

   $\therefore R_A = 6.4(\uparrow)$

2) $\sum M_{힌지}$

   $= 6.4 \times 5\text{m} - H_A \times 4\text{m} - 8\text{kN} \times 3\text{m}$

   (좌측부분) $= 0$

   $\therefore H_A = 2\text{kN}(\rightarrow)$

예문 26 그림과 같은 3힌지 아치의 휨모멘트(BMD)와 C점의 전단력 및 축력은?

정답

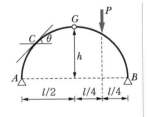

G P

C θ

h

A B

$l/2$ $l/4$ $l/4$

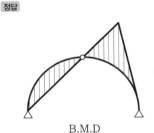

B.M.D

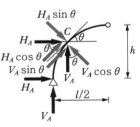

$H_A \sin \theta$

H_A C θ

$H_A \cos \theta$ θ h

$V_A \sin \theta$ $V_A \cos \theta$

H_A V_A

$l/2$

V_A

휨모멘트는 힌지에서 영이고 집중하중이 작용하는 점에서 최대가 되면서 절곡된다.

$\begin{cases} S_C = V_A \cos\theta - H_A \sin\theta \\ N_C = -V_A \sin\theta - H_A \cos\theta \end{cases}$

예문 27 다음 그림의 골조에서 절점 B와 C에 각각 5kN의 수평력이 작용할 때 지점 D에서의 수평반력(H_D)과 수직반력(V_D)은?(단, 골조의 자중은 고려하지 않는다.)

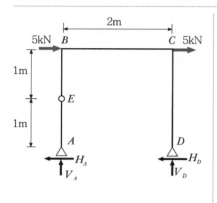

정답

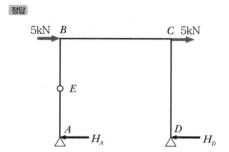

1) 힌지점 E점 $M_E = 0$

$\therefore H_A = 0$

2) $\Sigma H = 0$

$5 + 5 - M_D = 0$

$M_D = 10\text{kN}(\leftarrow)$

3) $\Sigma M_A = 0$

$+5 \times 2 + 5 \times 2 - V_D \times 2 = 0$

$V_D = 10\text{kN}(\uparrow)$

예문 28 주어진 캔틸레버 아치에서 C단면의 전단력, 축방향력, 휨모멘트는?

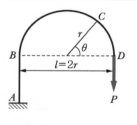

정답

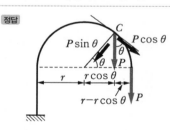

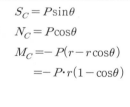

$S_C = P\sin\theta$

$N_C = P\cos\theta$

$M_C = -P(r - r\cos\theta)$

$\qquad = -P \cdot r(1 - \cos\theta)$

예문 29 그림과 같은 포물선3힌지 아치에 등분포하중이 작용 시 D점의 전단력과 휨모멘트는?(단, $y = \dfrac{4h}{l^2}x(l-x)$ 이다.)

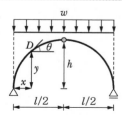

정답 등분포하중을 받는 포물선 아치에서는 단면 어느 곳에서도 전단력과 휨모멘트는 생기지 않고 축방향 압축력만 있게 된다.

예문 30 다음 그림과 같은 3힌지 라멘에서 휨모멘트가 0이 되는 곳은 총 몇 개소인가?

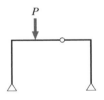

정답

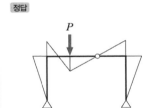

예문 31 그림과 같은 3힌지 반원아치에서 C점의 휨모멘트는?

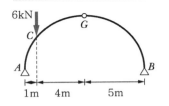

정답

$\sum M_A = 0 : V_B \times 10 = 6 \times 1$

$\therefore V_B = 0.6\text{kN}$

$\sum V = 0 : V_A = 6 - V_B = 5.4\text{kN}$

$\sum H = 0 : H_A = H_B = 0.6\text{kN}$

휨모멘트 $M_C = V_A \times 1 - H_A \times 3$
$= 5.4 \times 1 - 0.6 \times 3 = 3.6\text{kN}$

예문 32 다음 그림과 같은 반원형 아치에서 수평반력 H_A는 얼마인가?

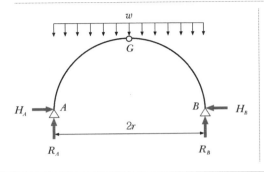

정답

1) 대칭하중이므로, $R_A = R_B = wr(\uparrow)$

2) $\sum M_G = 0$

$wr \times r - H_A \times r - wr \times \dfrac{r}{2} = 0$

$\therefore H_A = \dfrac{w \cdot r}{2}(\rightarrow)$

예문 33 그림과 같은 단순보식 아치에서 C단면의 전단력, 축력, 휨모멘트는?

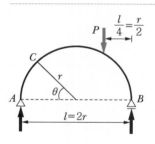

정답

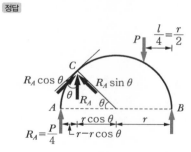

$$S_C = R_A \sin\theta = \frac{P}{4}\sin\theta$$

$$N_C = -R_A \cos\theta = -\frac{P}{4}\cos\theta$$

$$M_C = R_A(r \cdot r\cos\theta) = R_A \cdot r(1-\cos\theta) = \frac{P}{4}r(1-\cos\theta)$$

예문 34 주어진 아치에서 C점의 전단력, 축력, 휨모멘트는?

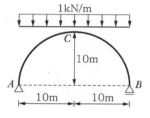

정답

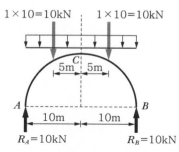

$$S_C = R_A - 10 = 0$$
$$N_C = R_A - 10 = 0$$
$$M_C = \frac{wl^2}{8} = \frac{1 \times 20 \times 20}{8}$$
$$= 50\text{kN} \cdot \text{m}$$

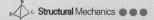

06

트러스

contents

06 트러스

1. 트러스 일반

1) 정의

2개 이상 직선부재를 마찰력이 전혀 없는 활절(Hinge)로서 단부를 연결하여 삼각형 형상으로 만든 구조물을 트러스라 한다.

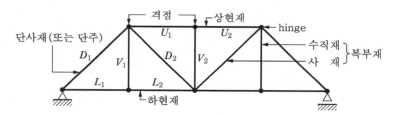

• 역학적 특성 : 외력에 대하여 각 부재가 축방향력(인장력, 압축력)만으로 저항하는 구조이다.

2) 부재의 명칭

① 현 재 $\begin{cases} \text{상현재(Upper chord menber)} : U_1, \ U_2 \\ \text{하현재(Lower chord menber)} : L_1, \ L_2 \end{cases}$

② 복부재 $\begin{cases} \text{수직재(Verticalmenber)} : V_1, \ V_2 \\ \text{사 재(Diagonalmenber)} : D_1, \ D_2 \end{cases}$

③ 격 점(Panel point=절점, joint) : 부재 간의 결합점

3) 트러스의 종류

① 외력작용 위치에 따른 구분

　(a) 상현재하 트러스 : 하중이 상현에 작용하는 트러스

　(b) 하현재하 트러스 : 하중이 하현에 작용하는 트러스

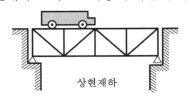
상현재하

하현재하

② 현재의 형상에 따른 구분

　(a) 직현 트러스 : 상하현재가 평행한 트러스

　(b) 곡현 트러스 : 상하현재가 평행하지 않는 트러스

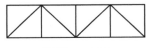

[직현 트러스]

[곡현 트러스]

③ 복부재의 배치에 따른 구분

　(a) 프랫 트러스(Pratt truss) : 사재는 주로 인장, 수직재는 압축에 저항하는 트러스로 강교에 널리 사용된다.

　(b) 하우 트러스(Howe truss) : 사재는 주로 압축, 수직재는 인장에 저항하는 트러스로 목조에 많이 사용된다.

　(c) 와랜 트러스(Warren truss) : 수직재가 없는 경우 다른 트러스에 비하여 부재수가 적고 구조가 간단하여 연속교량트러스에 많이 사용되나 현재의 길이가 과다하여 강성을 감소시킨다. 이것을 보완하기 위하여 수직재를 사용하기도 한다.

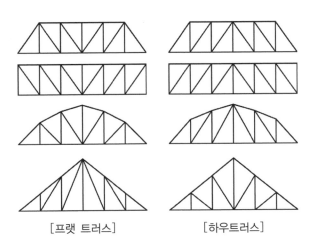
[프랫 트러스]　　　　　[하우트러스]

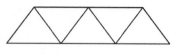

[와랜 트러스]

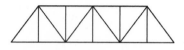

수직재가 있는 와랜 트러스

(d) King-post truss : 지붕 트러스

(e) Fink truss

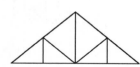

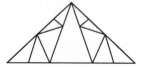

(f) K-truss

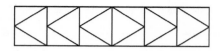

(g) 위플(Whipple) 트러스

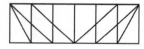

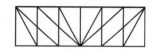

2. 트러스 해석의 가정

① 각 부재의 절점은 마찰이 전혀 없는 핀(Pin)이나 힌지(Hinge)로 결합되어 있다.

② 각 부재는 모두 직선재이다.

③ 부재축은 각 절점에서 한 점에 모인다.

④ 모든 외력은 트러스와 동일 평면 내에 있고 하중은 절점에만 작용한다.

⑤ 부재응력은 그 부재 재료의 탄성한도 이내에 있다.

⑥ 각 부재의 변형은 미소하여 그로 인한 2차 응력은 무시한다.

⑦ 하중이 작용한 후에도 격점의 위치에는 변화가 없다.

3. 영부재의 설치이유와 판별

1) 영부재

계산 상 부재력(부재응력)이 0이 되는 부재

2) 설치 이유

① 처짐을 감소
② 변형을 감소
③ 이동 하중이 작용할 때 구조적으로 필요하기 때문에
   (구조적으로 안정)

} 역학적 의미

3) 영부재 판별

(1) 격점을 중심으로 절단했을 때 1방향으로만 절단된 부재는 영부재가 된다.(즉, 일직선상에서 짝이 없는 부재는 영부재이다.)

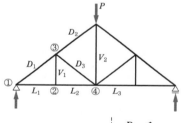

• 격점 ① : 영부재 없음

D_1(압축)

L_1(인장)

• 격점 ② : 영부재는 짝이 없는 V_1
              부재

$L_1 = L_2$(인장)

$V_1 = 0$

• 격점 ③ : 영부재를 제거한 후 다시 절
              단하여 영부재를 찾는다.

제거된 영부재

$D_1 = D_2$ (압축)

$D_3 = 0$

• 격점 ④ :

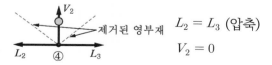

제거된 영부재

$L_2 = L_3$ (압축)

$V_2 = 0$

주의 : 영부재는 제거한 후 다시 절단하여 영부재를 찾는다.

(2) 부재 절단 원칙

① 가능하면 3부재 이내가 되도록 절단할 것

② 가능하면 사재와 외력이 있는 격점에서 절단은 피할 것

③ 수직재와 수평재로 된 격점에서는 하중이 있어도 절단할 것

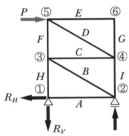

• 격점 ⑥ : $E = G = 0$

• 격점 ① : $A = R_H$(인장)
         $H = R_V$(인장)

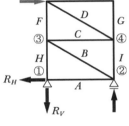

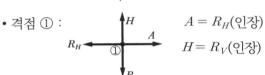

• 격점 ⑥ : $E = G = 0$

• 격점 ① : $H = R_V$
         $A = 0$

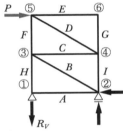

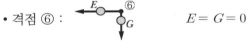

• 격점 ④ : $D = P$(압축)
         $C = 0$

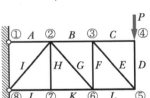

• 격점 ⑦ : $J = k$(압축)
         $H = 0$

4. 트러스의 해법(부재력 계산법) → 자유물체도 이용

1) 격점법(절점법)

① 도해법 : 크레모나(cremona)의 방법 → 시력도의 폐합을 이용

② 해석법

  • 일반적 방법 : $\sum V = 0$, $\sum H = 0$

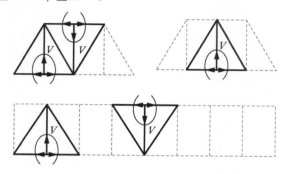

[수직재의 절단면]

수직재의 부재력=절단면 내의 수직력

  • 특수방법 : $\begin{cases} 응력계수법 : 부재력(응력계수) \times (부재길이) \\ 인장계수법 \end{cases}$

2) 단면법

① 도해법 : 쿨만(Culmann)의 방법 → 시력도의 폐합을 이용

② 해석법

  • 전단력법(Culmann법) : $\sum V = 0$, $\sum H = 0$

    - 복부재(수직재, 사재)의 부재력 계산에 적합

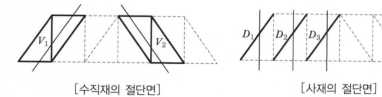

[수직재의 절단면]   [사재의 절단면]

- 수직재의 부재력＝절단면 좌측 또는 우측의 수직력의 대수합
- 사재의 부재력＝(절단면 좌측 또는 우측의 수직력의 대수합)

$$\times \left(\frac{\text{사재의 부재길이}}{\text{트러스 높이}} \right)$$

• 모멘트법(Ritter법) : $\sum M = 0$
  - 현재(상현재, 하현재)의 부재력 계산에 적합

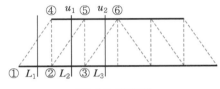

[현재의 절단면]

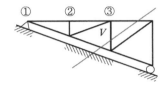

[수직재의 절단면]

• 모멘트 중심점
  (a) 상현의 모멘트 중심점은 절단면에서 사재와 하현재가 만나는 절점
  (b) 하현재의 모멘트 중심점은 절단면에서 사재와 상현재가 만나는 절점
  (c) 수직재의 모멘트 중심점은 상현재(또는 하현재)와 사재가 만나는 절점

• 현재의 부재력

$$= \frac{\text{모멘트 중심점에 대한 절단면 좌측(또는 우측)의 모멘트 대수합}}{\text{트러스 높이}}$$

▌연습문제

예문 01 트러스 구조형식 중 경사부재를 삭제하는 대신 절점을 강절점화하여 정적 안정성을 확보하는 트러스는?

> **정답** 비렌딜 트러스(Vierendeel Truss)
>
> 비렌딜 트러스란 트러스의 상현재와 하현재 사이에 수직재로 구성되며, 각 절점은 강(剛)접합으로 이루어져 고층건물 최하층에 넓은 공간을 필요로 할 때나 많은 힘을 받을 때 사용한다.

예문 02 다음 그림의 양식 지붕틀은 어느 트러스에 해당되는가?

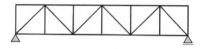

> **정답** 와렌 트러스

예문 03 다음 그림과 같은 형태의 트러스는 무슨 트러스인가?

> **정답** 프랫 트러스

예문 04 다음 그림과 같은 형태의 트러스는 무슨 트러스인가?

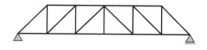

> **정답** 하우 트러스

예문 05 아래 그림과 같은 트러스(Truss) 구조에서 부재력이 0인 부재의 개수는?(단, 트러스의 자체 무게는 무시한다.)

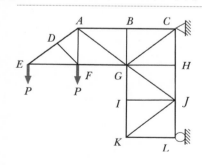

> **정답**
>
>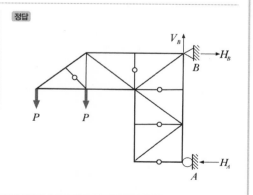

예문 06 다음 정정 트러스 구조에서 부재력이 0인 부재는?(단, 모든 부재의 자중은 무시한다.)

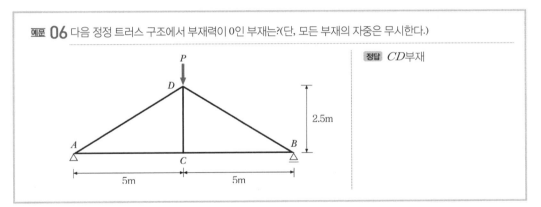

정답 CD부재

예문 07 그림과 같은 트러스에서 영부재 수를 구하시오.

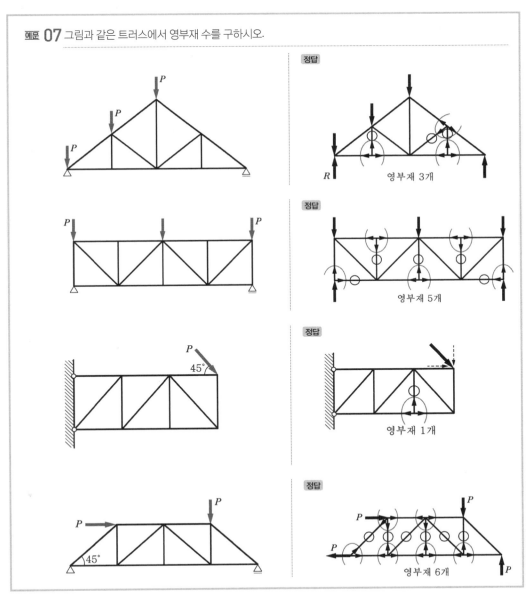

예문 08 다음 그림과 같은 왕대공 트러스(Truss)에서 C점에 P가 작용할 때 응력이 생기지 않는 부재는 몇 개인가? (단, 트러스 자체의 무게는 무시한다.)

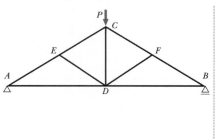

정답 3개
$\overline{ED}$, $\overline{CD}$, $\overline{FD}$ 부재 모두 부재력이 0이다.(3개)

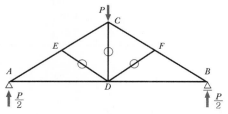

예문 09 다음 트러스 구조물에서 부재력이 발생하지 않는 부재의 개수는?(단, 트러스의 자중은 무시한다.)

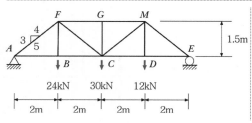

정답

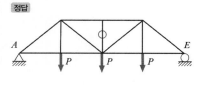

예문 10 다음 그림과 같은 트러스에서 응력이 0이 되는 것은?

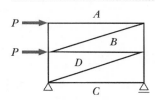

정답

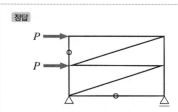

예문 11 다음 그림과 같은 트러스에서 부재력이 0인 것은?

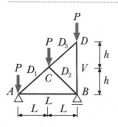

정답

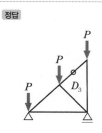

예문 12 다음 그림과 같은 트러스에서 부재력이 0인 부재는?

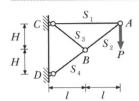

정답

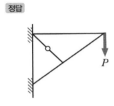

$S_2 = S_4$

$S_3 = 0$

예문 13 다음 그림과 같은 하중을 받는 트러스에서 응력이 없는 부재의 수(개)는?(단, 트러스 부재의 자중은 무시한다.)

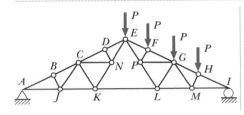

정답 7개

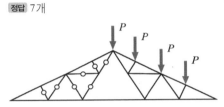

예문 14 다음 그림과 같은 트러스에서 Ⓐ부재의 응력은?(단, 압축−, 인장+)

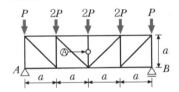

정답

$\Sigma V = 0$

$-2P - A = 0$

$A = -2P$

예문 15 다음 프랫 트러스에서 V, L의 부재력은?

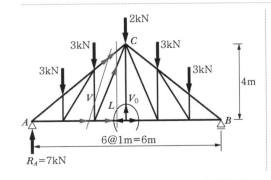

정답 $\sum M_A = 0$

$V \times 2 = -(3 \times 1 + 3 \times 2)$

$\therefore V = -\dfrac{9}{2} = -4.5\text{kN}(압축)$

$\sum M_C = 0$

$L \times 4 = 7 \times 3 - (3 \times 1 + 3 \times 2)$

$\therefore L = \dfrac{12}{4} = 3\text{kN}(인장)$

$V_o = 0$

예문 16 그림과 같은 정삼각형 트러스의 부재력은?

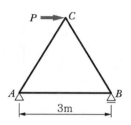

정답

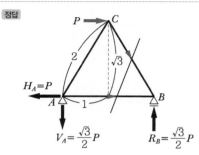

$$AC = \frac{\sqrt{3}}{2}P \times \frac{2}{\sqrt{3}} = P \,(인장)$$

$$BC = -\frac{\sqrt{3}}{2}P \times \frac{2}{\sqrt{3}} = -P \,(압축)$$

$$AB \times \sqrt{3} = \frac{\sqrt{3}}{2}P \times 1$$

$$\therefore AB = \frac{P}{2} \,(인장)$$

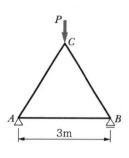

정답

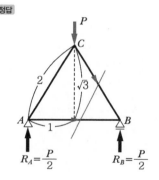

$$AC = BC = -\frac{P}{2} \times \frac{2}{\sqrt{3}} = -\frac{P}{\sqrt{3}} \,(압축)$$

$$AB \times \sqrt{3} = \frac{P}{2} \times 1$$

$$\therefore AB = \frac{P}{2\sqrt{3}} \,(인장)$$

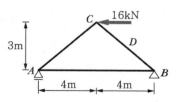

정답 절점 B 자유물체도

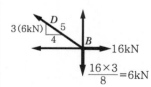

$$D = 6\frac{5}{3} = 10 \text{kN} \,(인장)$$

예문 17 그림과 같은 트러스 부재력은?

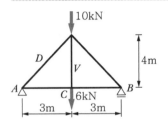

정답

• 절점 A 자유물체도

$$D = -8\frac{5}{4}$$

$$\therefore D = -10\text{kN(압축)}$$

• 절점 C 자유물체도

$$V = 6\text{kN(인장)}$$

예문 18 그림과 같은 트러스에서 힌지 지점의 연직반력 크기는?

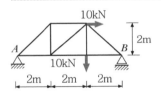

정답 $\sum M_B = 0$

$$V_A \times 6\text{m} + 10\text{kN} \times 2\text{m} - 10\text{kN} \times 2\text{m} = 0$$

$$\therefore V_A = 0$$

예문 19 다음 그림과 같은 구조에서 AC의 부재력은?(단, 인장력+, 압축력−)

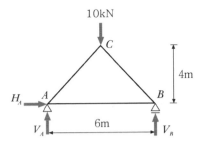

정답

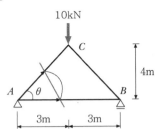

1) $R_A = 5\text{kN}$

2) $\sum V = 0$

$$R_A + AC\sin\theta = 0$$

$$5 + AC\frac{4}{5} = 0$$

$$AC = -\frac{25}{4} = -6.25\text{kN}$$

예문 20 다음 정삼각형 트러스에 B점의 수평하중 P가 작용할 경우 AC 부재의 부재력 값은?

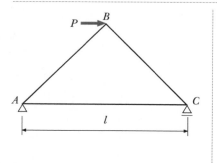

정답 1) $\sum M_A = 0$

$$\therefore -R_C \times l + P \times \frac{l}{2}\tan 60° = 0$$

$$\therefore R_C = \frac{\sqrt{3}\,P}{2}(\uparrow)$$

2) $\sum M_B = 0$

$$AC \times \frac{l}{2}\tan 60° - \frac{\sqrt{3}\,P}{2} \times \frac{l}{2} = 0$$

$$\therefore AC = \frac{\dfrac{\sqrt{3}}{2}P}{\tan 60°} = \frac{P}{2}(\text{인장})$$

예문 21 다음 그림과 같은 캔틸레버 트러스에서 DE 부재의 부재력은?

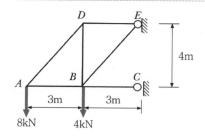

정답

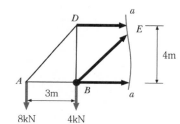

$$\sum M_B = 0$$

$$-8\text{kN} \times 3\text{m} + DE \times 4\text{m} = 0$$

$$\therefore DE = 6\text{kN}(\text{인장})$$

예문 22 다음 그림과 같이 하중을 받고 있는 트러스에서 AB 부재의 부재력은?

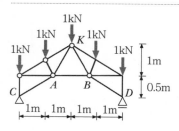

정답 1) 반력을 먼저 계산한다.

$$R_C = 2.5\text{kN}$$

2) $M_K = (2.5\text{kN} \times 2\text{m})$

$$\quad - (1\text{kN} \times 2\text{m}) - (1\text{kN} \times 1\text{m})$$

$$\quad - (AB \times 1\text{m}) = 0$$

$$\therefore AB = 2\text{kN}(\text{인장})$$

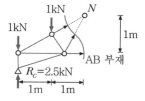

예문 23 다음 그림과 같은 트러스에서 부재력 D는?

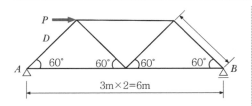

$$3\text{m}\times2=6\text{m}$$

정답

1) $\sum M_B$

$= V_A \times 6\text{m} + P \times 3\text{m} \cdot \sin 60° = 0$

$\therefore V_A = -\dfrac{\sqrt{3}\,P}{4}(\downarrow)$

2) $\sum V = 0$

$D \cdot \sin 60° - \dfrac{\sqrt{3}\,P}{4} = 0$

$\therefore D = \dfrac{\sqrt{3}\,P}{4 \cdot \sin 60°}$

$= \dfrac{\sqrt{3}\,P}{4 \times \dfrac{\sqrt{3}}{2}} = \dfrac{P}{2}(인장)$

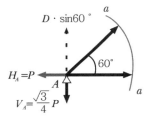

예문 24 다음 그림과 같은 트러스의 U, V, L 부재력은 각각 몇 kN인가?(단, 인장력+, 압축력−)

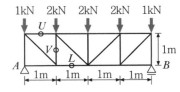

정답

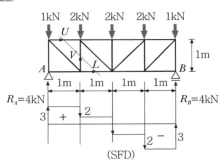

1) $\Sigma V = 0$

$4 - 1 + V = 0$

$V = -3\text{kN}$

2) $\Sigma M_C = 0$

$U = \dfrac{\text{SFD}}{\text{h}} = \dfrac{3\times1}{1} = -3\text{kN}(상현재)$

$L = \dfrac{\text{SFD}}{\text{h}} = \dfrac{3\times1}{1} = +3\text{kN}(하현재)$

예문 **25** 다음 트러스의 수평부재가 받는 축력은?

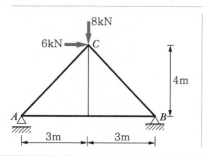

정답 $AB = \dfrac{Pl}{4h} - \dfrac{P}{2} = \dfrac{8 \times 6}{4 \times 4} - \dfrac{6}{2} = 0$

예문 **26** 다음 트러스에서 가장 큰 힘을 받는 부재력은?

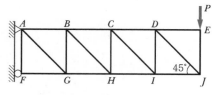

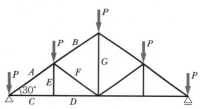

정답 $\sum M_A = 0$

$FG \times 1 = P \times 4$

$\therefore FG = 4P(압축)$

정답

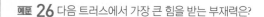

$P \quad \dfrac{2}{\sqrt{3}} 1(2.5P-P=1.5P)$

$2.5P$

$A = 1.5P\dfrac{2}{1} = 3P$

예문 **27** 다음 그림과 같은 트러스 구조시스템에 하중이 작용할 때, 부재 CD에 작용하는 부재력은?(단, 트러스의 자중은 무시하고, 각 절점은 핀 접합, A점은 힌지, B점은 롤러로 가정한다.)

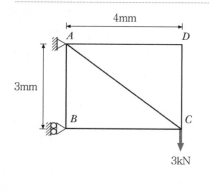

정답

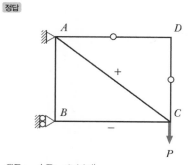

$CD = AD = 0$ 부재

예문 **28** 다음 그림과 같은 하중을 받는 정정 트러스에서 부재 1, 2, 3, 4에 발생하는 부재력의 종류는?(단, 하중 P는 0보다 큰 정적하중이다.)

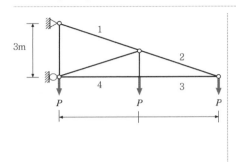

정답

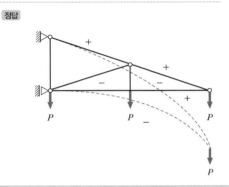

예문 **29** 그림과 같은 트러스의 BC 사재의 부재력은?

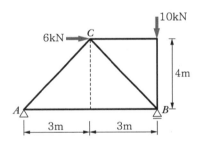

정답 $R_B \times 6 = 10 \times 6 + 6 \times 4$

$$\therefore R_B = 14\text{kN}$$

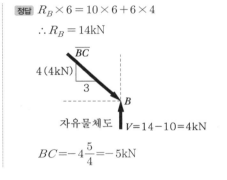

자유물체도 $\quad V = 14 - 10 = 4\text{kN}$

$$BC = -4\frac{5}{4} = -5\text{kN}$$

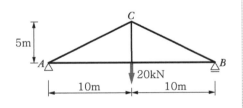

정답

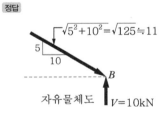

$\sqrt{5^2 + 10^2} = \sqrt{125} \fallingdotseq 11$

자유물체도 $\quad V = 10\text{kN}$

$$BC = -10\frac{11}{5} = -22\text{kN}$$

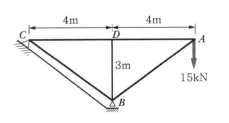

정답 $BC = -15\frac{5}{3} = -25\text{kN}$

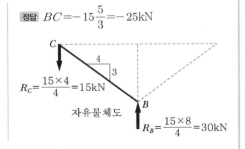

$R_C = \dfrac{15 \times 4}{4} = 15\text{kN}$

자유물체도

$R_B = \dfrac{15 \times 8}{4} = 30\text{kN}$

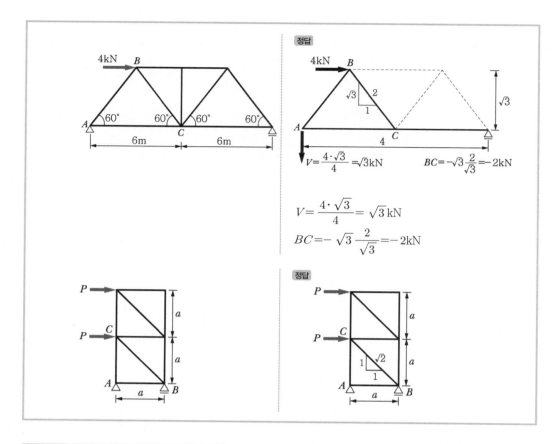

$$V = \frac{4 \cdot \sqrt{3}}{4} = \sqrt{3}\,\text{kN}$$

$$BC = -\sqrt{3}\,\frac{2}{\sqrt{3}} = -2\text{kN}$$

예문 30 다음 그림과 같이 트러스에 하중 P가 작용할 때, A부재와 B부재를 설명하시오.(단, 하중 P는 0보다 큰 값으로 한다.)

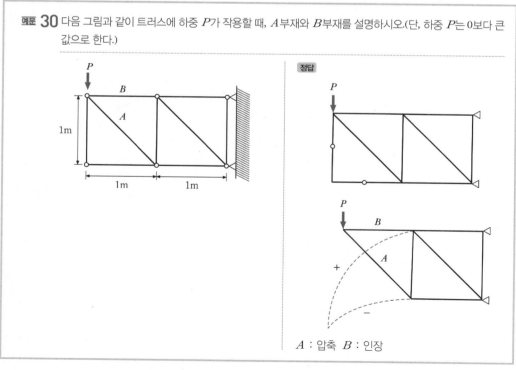

A : 압축 B : 인장

예제 31 다음 트러스에서 현재의 부재력은?

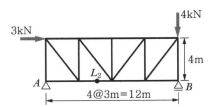

정답

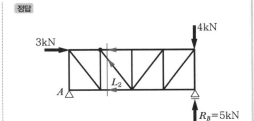

$$L_2 \times 4 = (5-4) \times 9$$

$$\therefore L_2 = \frac{9}{4} = 2.25\text{kN(인장)}$$

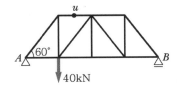

정답

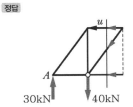

$$R_A = \frac{40 \times 3}{4} = 30\text{kN}$$

$$u \times \sqrt{3} = -30 \times 1$$

$$\therefore u = -\frac{30}{\sqrt{3}} = -17.3\text{kN(압축)}$$

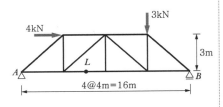

정답

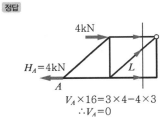

$$V_A \times 16 = 3 \times 4 - 4 \times 3$$
$$\therefore V_A = 0$$

$$2 \times 3 = H_A \times 3$$

$$\therefore L = 4\text{kN(인장)}$$

$$V_A \times 16 = 3 \times 4 - 4 \times 3 \qquad V_A = 0$$

07

재료역학

contents

07 재료역학

1. 응력도

1) 정의

물체에 외력(Extenal force)이 작용하면 변형하는 동시에 저항력이 생겨서 외력과 평형을 이룬다. 이 저항력을 내력(Internal force)이라 하며, 단위면적당 내력의 크기를 응력이라 한다.

> 응력은 외력이 작용할 때 변형이 구속됨으로써 내부에 생기는 저항력이다.
>
> **참고** 응력은 밀도나 농도처럼 응력도라고 불러야 한다. 단위면적당 하중이므로 일반적으로 응력 또는 단위응력이라고 하며, 단면 전체에 대한 응력을 전응력(Total stress)이라 한다.

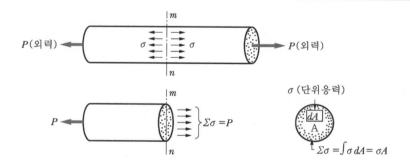

여기서, $\Sigma\sigma$: 전응력=총응력=내력 (총응력=응력×전체단면적)

$$\begin{cases} \text{전응력}: \quad \Sigma\sigma = \int_A \sigma \cdot dA = \sigma \int_A dA = \sigma \cdot A \ \rightarrow \ \Sigma\sigma = P \ \rightarrow \ P = \sigma \cdot A \\ \text{응 력}: \quad \sigma = \dfrac{P}{A} \ \text{(단위면적당의 힘)} \end{cases}$$

응력의 단위
- 미터계단위 : N/mm^2, N/cm^2
- USCS단위 : $lb/in^2(=Psi)$, ksi
- SI단위 : $N/m^2(Pascal, Pa)$, KPa, MPa, GPa
- $1Psi \fallingdotseq 7,000Pa$, $1Ksi=10^3Psi$, $1KPa=10^3Pa$, $1MPa(N/mm^2)=10^3Pa$, $1GPa=10^9Pa$

2) 응력의 종류

응력(stress) ┬ 수직응력(Normal street) ┬ 인장응력(Tensile stress)
             │   └ 압축응력(Compressive street)
             └ 접선응력(Tangential street) － 전단응력(Shearing stress)

(1) 비틀림 전단응력(Torsional shearing stress)

재료 내부에 있어서 어떤 복잡한 응력 상태일지라도 분해하면 두 가지의 응력, 즉 수직응력(인장과 압축)과 전단응력으로 나누어지며, 이들을 단순응력(Simple stress)이라고 한다. 한편 단순응력과 두 가지 이상 동시에 작용할 때의 응력을 조합응력(Combined stress)이라 한다.

또한 이들 응력을 좀 더 세분하여 다른 각도에서 고찰해 보면 다음과 같다.

① 굽힘응력(Bending stress) : 굽힘하중에 의하여 재료 횡단면에 발생하는 응력을 굽힘응력이라 하고 인장 및 압축의 수직응력이 동시에 발생된다.

② 비틀림응력(Torsional stress) : 비틀림하중에 의하여 재료 횡단면에 발생하는 응력을 비틀림응력이라 하고, 이 비틀림응력은 일종의 전단응력으로서 단면에 균일하게 분포하지 않는다.

③ 원응력(Initial Stress) : 외력을 받지 않음에도 물체 내부에 자신이 보유한 응력을 원응력 또는 초응력(Primary Stress)이라 한다.

④ 잔류응력(Residual stress) : 처음에 무응력이였던 물체에 하중을 가하고 다시 제거한 후 물체 내부에 잔재하는 응력을 잔류응력이라 한다. 이는 본질적으로는 원응력과 다름이 없다.

(2) 봉에 작용하는 응력

① 수직응력(법선 응력) : 부재 축방향에 수직인 단면에 생기는 응력

수직응력(=축방향응력)은 인장응력(σ_t)과 압축응력(σ_c)이 있으며, 봉, 트러스, 중심축 하중을 받는 단주에 적용

$$\sigma_t = \frac{P_t}{A} (\text{N/cm}^2,\ \text{N/m}^2)$$

$$\sigma_c = \frac{P_c}{A} (\text{N/cm}^2,\ \text{N/m}^2)$$

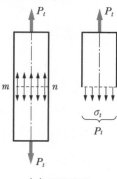
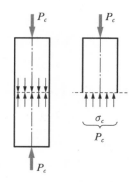

(a) 인장응력   (b) 압축응력

즉, $\sigma = \pm \dfrac{P}{A} (\text{N/cm}^2,\ \text{N/m}^2)$

② 전단응력(접선응력) : 부재축 직각 방향의 전단력에 의해서 생기는 응력으로 층 밀림 현상에 저항하는 성질을 말한다.

$$\tau = \frac{S}{A} = \frac{P}{A} (\text{N/cm}^2,\ \text{N/m}^2)$$

여기서 S : 전단력
A : 전단력이 작용하는 접선의 단면적

(3) 보(휨부재)에 작용하는 응력

① 전단응력 : 그림과 같이 휨을 받는 보에서 부재축의 직각으로 작용하는 수직력(전단력)에 의해 생기는 응력으로 수직 전단응력과 수평 전단응력이 있다.

$$\tau = \frac{SG}{Ib} = \frac{VQ}{Ib} (\text{N/cm}^2,\ \text{N/m}^2)$$

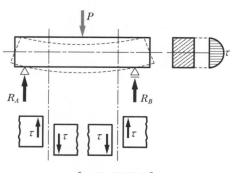

[보의 전단응력]

여기서, $S = V$: 전단력

$\qquad G = Q$: 단면 1차 모멘트

$\qquad I$: 단면 2차 모멘트

$\qquad b$: 단면의 폭

② **휨응력** : 부재가 휨을 받을 때 휨모멘트에 의하여 단면의 수직 방향에 생기는 응력

$$\sigma = \pm \frac{M}{I} y \, (\text{N/cm}^2, \ \text{N/m}^2)$$

여기서, y : 중립축에서 휨응력을 구하고자 하는 점까지의 거리

(4) 원형 단면 봉의 비틀림 응력(Torsional stress)

그림과 같이 원형 단면의 축선과 수직한 평면에 우력 T(비틀림력, Torque)에 의하여 축 내부에 생기는 응력

$$\tau = \frac{T \cdot r}{J} = \frac{T \cdot r}{I_P} \ (\text{원형 단면일 때 } J = I_P)$$

$$\therefore \tau = \frac{T\left(\dfrac{d}{2}\right)}{\dfrac{\pi d^4}{32}} = \frac{16 \cdot T}{\pi d^3}$$

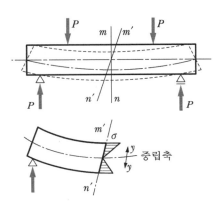

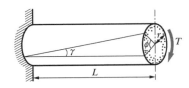

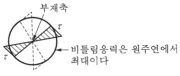

비틀림응력은 원주연에서 최대이다

원단면의 축(Solid shaft)에서는 원형단의 극관성 모멘트 $I_P = \dfrac{\pi d^4}{32}$ 이므로, 극단면 계수 Z_P의 값은 $Z_P = \dfrac{\pi d^3}{16}$ 이 된다.

따라서 $\tau = \dfrac{T}{Z_P} = \dfrac{16\,T}{\pi d^3}$

(5) 기타 응력

① 온도응력(열응력, Thermal stress) : 어떤 물체에 온도가 상승하거나 하강하면 그 물체는 팽창수축한다. 이 팽창, 수축에 저항하는 응력을 온도응력이라 한다.

(a) 변형이 구속되지 않은 경우 : 온도응력은 0이 되고, 변형은 발생한다.

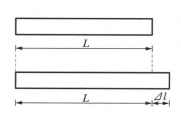

- 온도에 대한 변형량 : $\triangle l = \alpha \cdot \triangle T \cdot L$
- 온도에 대한 변형도 : $\varepsilon_t = \dfrac{\triangle l}{L} = \alpha \cdot \triangle T$
- α(선팽창계수) : 단위 온도당 변형률
- $\alpha = \dfrac{\varepsilon}{\triangle T} = \dfrac{\triangle l}{L \cdot \triangle T}\,(1/℃ = cm/cm℃)$

여기서 α는 재료의 고유상수이고 열(선)팽창계수로서 1°C(1/°C=cm/cm°C) 변화에 따른 양을 나타내며 일반적으로 steel인 경우 $\alpha = 10 \sim 12 \times 10^{-6}/℃$이다.

(b) 변형이 구속된 경우 : 온도 변형은 0이 되고, 온도응력은 발생한다.

부재가 구속을 받을 때 온도가 상승하면 부재에는 압축응력이, 온도가 하강하면 부재에는 인장응력이 일어난다.(균일한 온도)

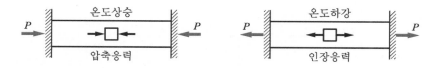

- 온도응력 : $\sigma_t = E \cdot \varepsilon = E \cdot \alpha \cdot \triangle T (\mathrm{N/cm^2} , \mathrm{N/m^2})$
- 온도에 대한 축력 : $P_t = \sigma_t \cdot A = E \cdot \alpha \cdot \triangle T \cdot A (\mathrm{kg}, \mathrm{N})$

2. 변형률(변형도)

1) 정의

물체에 외력을 가하면 내부에 응력이 발생하고 물체를 구성하는 각 분자 및 분자 상호간의 상태에 변화가 일어나고 형태와 크기가 변화한다.

> 변형량과 원래의 치수와의 비율, 즉 단위길이에 대한 변형량으로 변형의 정도를 비교한 것을 변형률이라 한다.

2) 변형률의 분류

① 선변형률(수직변형률, 길이변형률)

(a) 세로변형률(길이 방향 변형률, 종변형률, Longitudinal strain)

> 세로 방향은 하중이 작용하는 축방향을 말하며 가로 방향은 그에 직각된 방향이다.

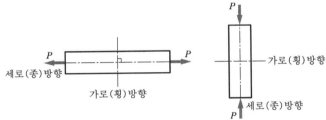

- $\varepsilon = \pm \dfrac{\triangle l}{l}$ $(\triangle l = l' - l)$ $\varepsilon_t = +\dfrac{\triangle l}{l}$

  인장 변형률(tensile strain) : $\varepsilon_t = +\dfrac{\triangle l}{l}$

  압축 변형률(compressiv strain) : $\varepsilon_c = -\dfrac{\triangle l}{l}$

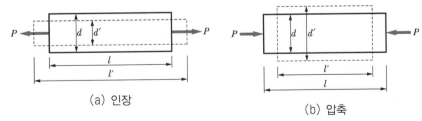

(a) 인장

(b) 압축

(b) 가로변형률(단면방향 변형률, 횡변형률, Laternal strain)

- $\beta = \pm \dfrac{\triangle d}{d}$ $(\triangle d = d' - d)$

  인장변형률 : $\beta_t = -\dfrac{\triangle d}{d}$ 압축변형률 : $\beta_c = +\dfrac{\triangle d}{d}$

3. 프와송 비(V) 프와송 수(m)

탄성한계 내에서 축방향 인장 또는 압축하중이 작용하면 축방향으로 신축하는 동시에 가로방향에 수축 또는 신장이 일어난다.

$$\text{프와송 비}(\nu) = \frac{\text{가로변형률}(\beta)}{\text{세로변형률}(\varepsilon)}$$

$$\text{프와송 수(m)} = \frac{\text{세로변형률}(\varepsilon)}{\text{가로변형률}(\beta)}$$

$$\nu = \left| \frac{\beta}{\varepsilon} \right| = \frac{1}{m} \quad (m : \text{프와송 비})$$

ε와 β의 부호가 다르기 때문에 절대값을 사용한다.

$$\nu = \frac{\dfrac{\triangle d}{d}}{\dfrac{\triangle l}{l}} = \frac{l \cdot \triangle d}{d \cdot \triangle l} \quad \text{또는} \quad \nu = \frac{\dfrac{\triangle d}{d}}{\dfrac{\sigma}{E}} = \frac{E \cdot \triangle d}{\sigma \cdot d}$$

종류	프와송 비(ν)	프와송 수(m)	
고무	$\dfrac{1}{2}$	2	
구리	$\dfrac{1}{2.6}$	2.6	
놋쇄	$\dfrac{1}{3}$	3	
강재	$\dfrac{1}{3} \sim \dfrac{1}{4}$	3~4	→ 강재의 프와송 비 $\nu = 0.3$
콘크리트	$\dfrac{1}{6} \sim \dfrac{1}{12}$	6~12	→ 콘크리트의 프와송 비 $\nu = 0.1 \sim 0.2$

프와송 비 ν는 1보다 작은 수이므로 그의 역수 프와송 수 m은 1보다 큰 값을 가진다. 즉 프와송 수 m은 2~∞ 까지의 값을 가진다.

1) 전단변형률(Shearing strain)

단위길이에 대한 미끄러진 양을 전단변형률이라 한다.

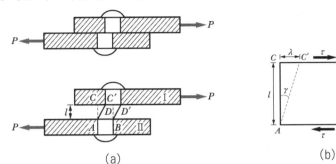

(a)　　　　　　　　　　　　　　　(b)

정사각형 단면에 전단응력이 작용하면 각 변의 길이는 변하지 않고 각도가 변한다. 이 각도의 변화를 전단변형률이라 한다.

$$\varepsilon_s = \frac{\lambda}{l} = \tan\gamma \fallingdotseq \gamma$$

$$\therefore \gamma = \frac{\lambda}{l}(\text{rad})$$

- 단위 : 무명수이며, 레디안(Radian)으로 표시한다.
- 길이변형률(ε)과 전단변형률(γ)의 비

(c)

전단변형률은 길이변형률의 2배

그림 (d)에서 정사각형 단면의 ADE는 이등변삼각형으로 볼 수 있으므로

$$\varepsilon = \frac{D'E}{AE} = \frac{\dfrac{\gamma l}{\sqrt{2}}}{\sqrt{2}\,l} = \frac{1}{2}\gamma$$

$$\therefore \gamma = 2\varepsilon$$

2) 체적변형률(Volumetric strain, Bulk strain)

3축 방향으로 인장 또는 압축을 받을 때 생기는 팽창 또는 수축으로 인한 체적의 변화량과 원체적에 대한 비를 체적변형률이라 한다.

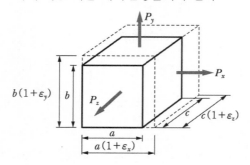

$$V = abc$$

$$\triangle V = V' - V$$

$$= a(1+\varepsilon_x) \cdot b(1+\varepsilon_y) \cdot c(1+\varepsilon_z)$$

$$= abc(\varepsilon_x + \varepsilon_y + \varepsilon_z)$$

$$\therefore \varepsilon_v = \frac{\triangle V}{V} = \varepsilon_x + \varepsilon_y + \varepsilon_z$$

체적변형률은 각 방향의 세로변형률을 합한 것과 같다.

만약 등방성(Isotropic) 재료에 균일응력이 작용하는 경우 체적변형률은 길이변형률의 3배가 됨을 알 수 있다.

즉, $\varepsilon_v = \varepsilon_x + \varepsilon_y + \varepsilon_z = 3\varepsilon = 3\dfrac{\triangle l}{l}$

4. 후크의 법칙과 탄성계수

1) 후크의 법칙(Hooke's law) : 정비례 법칙(탄성법칙)

후크는 균일단면봉의 인장실험 결과 재료의 탄성한도 내에서 늘음량 $\triangle l$이 인장력 P와 봉의 길이 l에 비례하고 봉의 단면적 A에 반비례 하는 것을 실험을 통하여 증명하였다.

$\triangle l \propto \dfrac{P \cdot l}{A}$ (이 식에 비례상수 $\dfrac{1}{E}$ 을 대입하면)

$\triangle l = \dfrac{Pl}{AE}$ (이 식을 변형하면)

$\dfrac{P}{A} = \dfrac{\triangle l}{l} \cdot E = \varepsilon \cdot E$

$\therefore \sigma = \varepsilon \cdot tE$ (비례한도 내에서 응력은 그 변형률에 비례한다.)

> **참고**
>
> 바하 쉴레(Bach-Schule) 법칙
> - $\sigma = a \cdot \varepsilon^n$ – 비금속재료에 적용
> - 무기질 재료(콘크리트, 석재, 광석) : $n < 1$
> - 유기질 재료(가죽, 고무, 고분자 재료) : $n > 1$

2) 세로탄성계수(종탄성계수, 탄성계수, 영계수), E

수직응력(σ)과 그에 따른 세로변형률(ε)이 Hooke의 법칙에 따라서 정비례 관계를 성립시키는 비례상수 Thomas Young이 처음으로 수치적으로 측정하였으므로 영계수(Young's modulus) 또는 탄성계수(Modulus of longitudinal elasticity)라 한다.

$$E = \dfrac{\sigma}{\varepsilon} = \dfrac{\dfrac{P}{A}}{\dfrac{\triangle l}{l}} = \dfrac{Pl}{A \cdot \triangle l} \; (\text{N/cm}^2, \; \text{N/m}^2)$$

> 일반적으로 동일 재료에 대한 인장 및 압축일 때 E의 값은 거의 같다.(강철에서 $E = 2.1 \times 10^6 \text{N/cm}^2 = 30 \times 10^6$ PSi(lb/in²)이다.)

3) 가로 탄성계수(횡탄성계수, 전단탄성계수, 강성계수), G

탄성한계 내에서는 전단응력(τ)과 그에 따른 전단변형률(γ)과의 비는 같은 재료에 대하여 일정하고 이 상수를 가로탄성계수 또는 전단탄성계수(Modulus of rigidity) G로 표시한다.

$$\tau \propto \gamma \rightarrow \tau = G \cdot \gamma$$

$$G = \frac{\tau}{\gamma} = \frac{\dfrac{S}{A}}{\dfrac{\lambda}{l}} = \boxed{\frac{S \cdot l}{A \cdot \lambda}\,(\text{N/cm}^2 \,,\, \text{N/m}^2)}$$

> 전단탄성계수는 동일 재료에서 일정하고 종탄성계수(E)의 약 2/5배이다.
> (강철에서 $G = 0.81 \times 10^6 \text{N/cm}^2 = 11.5 \times 10^6 \text{lb/in}^2$이다.)

4) 체적탄성계수(부피탄성계수), k

수직응력(σ)과 체적변형률(ε_V)과의 비는 같은 재료에서는 일정하다.

이 비를 체적탄성계수(Modulus of volume) k라 표시한다.

$$\sigma \propto \varepsilon_V \rightarrow \sigma = k \cdot \varepsilon_V \qquad k = \frac{\sigma}{\varepsilon_V} = \frac{\dfrac{P}{A}}{\dfrac{\triangle V}{V}} = \boxed{\frac{P \cdot V}{A \cdot \triangle V}\,(\text{N/cm}^2 \,,\, \text{N/m}^2)}$$

> • 축강성, EA : 축방향 변형에 저항하는 성질   • 휨강성, EI : 휨 변형에 저항하는 성질
> • 전단강성, GA : 전단 변형에 저항하는 성질   • 비틀림강성, GJ : 비틀림 변형에 저항하는 성질

재료에 대한 프와송 비만 알면 인장을 받는 봉의 체적변화도 계산할 수 있다.

$$V = abc$$
$$V' = a(1 + \varepsilon_x) \cdot b(1 - \nu\varepsilon_x) \cdot c(1 - \nu\varepsilon_x)$$
$$= abc(1 + \varepsilon_x)(1 - \nu\varepsilon_x)^2$$
$$\therefore V' = abc(1 + \varepsilon_x - 2\nu\varepsilon_x)$$

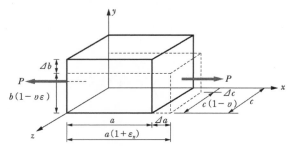

> ε값은 1에 비하여 아주 적은 값이므로 ε의 고차 항은 무시한다.

• 체적변형률 : $\varepsilon_v = \dfrac{V' - V}{V} = \dfrac{abc(1 + \varepsilon_x - 2\nu\varepsilon_x) - abc}{abc}$

$$\therefore \varepsilon_v = \varepsilon_x(1 - 2\nu) = \frac{\sigma}{E}(1 - 2\nu)$$

- 체적변화량 : $\triangle V = V' - V = abc(\varepsilon_x - 2\nu\varepsilon_x) = V\varepsilon_x(1 - 2\nu)$

$$\varepsilon_x(1 - 2\nu) \geqq 0 \qquad \therefore \nu \leqq \frac{1}{2}$$

보통재료에 대해 프와송 비(ν)의 최대값은 $\frac{1}{2} = 0.5$ 임을 알 수 있다.

만약 0.5 이상의 프와송 비를 갖는다면 재료가 늘어날 때 체적이 감소함을 의미하며, 이런 경우는 물리적으로 일어날 수 없다.

소성영역에서는 체적 변화가 일어나지 않으므로 프와송 비는 0.5로 잡아도 좋으며 코르크의 프와송 비 ν 값은 0에 가깝다.

5. 응력-변형률 선도

1) 축방향 인장하중을 받는 재료의 거동

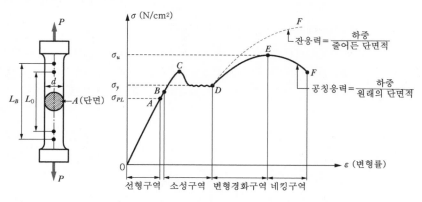

(a)인장 시험편　　　(b)인장을 받는 구조용 연강재의 응력-변형률 선도

① 점A : 비례한도(Proportional limit), σ_{P2} → 응력과 변형률이 비례관계를 가지는 최대응력이다. (O~A에서 후크의 법칙이 성립한다.)

② 점B : 탄성한도(Elastic limit), σ_e → 하중을 제거했을 때 변형이 없어지고 원상회복이 되는 탄성변형의 최대응력을 말한다.

③ 점C, D : 상·하 항복점(Yielding point), σ_y → 하중을 중지시켜도 변형은 급격히 증가 (상항복점부터 완전소성구역으로 간주한다.)

④ 점E : 극한강도(Ultimate strength, 최대응력) 또는 (인장강도), σ_u → 하중이 감소해도 변형이 커짐

⑤ 점F : 파괴강도, 파단점
- 변형경화 : 재료가 소성변형을 받고도 큰 응력에 견딜 수 있는 성질
- 네킹(Necking) : 재료(시편)의 어떤 부분에서 국부적인 수축(단면적 감소)

6. 응력과 변위

1) 중간 축하중을 받는 봉

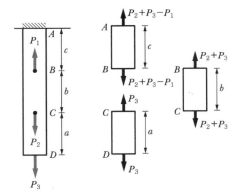

① $\delta_{AC} = \dfrac{(P_2 + P_3 - P_1)c}{EA}$

② $\delta_{BC} = \dfrac{(P_2 + P_3)b}{EA}$

③ $\delta_{CD} = \dfrac{P_3 \cdot a}{EA}$

④ $\delta = \delta_{AC} + \delta_{BC} + \delta_{CD}$

$= \dfrac{(P_2 + P_3 - P_1)c}{EA} + \dfrac{(P_2 + P_3)b}{EA} + \dfrac{P_3 \cdot a}{EA}$

$= \dfrac{(P_2 + P_3 - P_1)c + (P_2 + P_3)b + P_3 \cdot a}{EA}$

2) 몇 개의 다른 단면의 봉

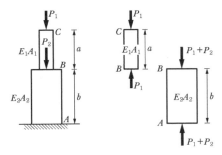

① $\delta_{CB} = \dfrac{P_1 a}{E_1 A_1}$

② $\delta_{BA} = \dfrac{(P_1 + P_2)b}{E_2 A_2}$

③ $\delta = \delta_{CB} + \delta_{BA} = \dfrac{P_1 a}{E_1 A_1} + \dfrac{(P_1 + P_2)b}{E_2 A_2}$

3) 양단 고정봉

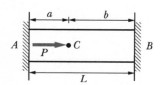

① $R_A = \dfrac{Pb}{l}$

② $R_B = \dfrac{Pa}{l}$

③ $\delta_C = \dfrac{Pab}{lAE}$

예문 다음과 같이 상하단이 고정인 기둥에 그림과 같이 힘 P가 작용한다면 반력 R_A, R_B를 구하시오.

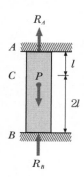

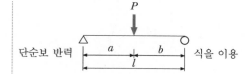

단순보 반력   식을 이용

1) $R_A = \dfrac{Pb}{l}$ 에서

$R_A = \dfrac{P \times 2l}{l + 2l} = \dfrac{2Pl}{3l} = \dfrac{2}{3}P$

2) $R_B = \dfrac{Pa}{l}$ 에서 $R_B = \dfrac{P \times l}{l + 2l} = \dfrac{Pl}{3l} = \dfrac{1}{3}P$

7. 허용응력과 안전율

1) 허용응력(Allowable stress)

구조물 설계할 때 그 재료의 탄성한계 이내의 안전상 허용되는 최대의 응력을 허용응력이라 한다.

① 사용응력(Working stress)

구조물의 작용이 실제적으로 안전한 범위 내에서 작용하고 있는 응력을 사용응력이라 한다.

> 사용응력은 항상 허용응력보다 작아야 한다. ($\sigma_w \leqq \sigma_a$)

② 응력의 크기 순서

극한강도(σ_u, 종극응력) > 항복강도(σ_y) > 탄성한계(σ_e) > 허용응력(σ_a) ≧ 사용응력(σ_w)

> 탄성설계법(W.S.D)에서는 다음과 같은 관계를 만족해야 한다.
> 탄성한도 > 허용응력 ≧ 사용응력

2) 안전율(Factor of safety)

재료가 받을 수 있는 최대응력(극한응력) 및 허용응력의 비 또는 항복응력과 허용응력의 비를 안전율이라 한다.

① 취성재료 : 작은 변형에도 파괴되는 성질(콘크리트, 유리, 주철, 석재, 목재)

$$안전율 = \frac{최대응력}{허용응력} = \frac{극한응력}{허용응력} \qquad S = \frac{\sigma_u}{\sigma_a} = \frac{\sigma_u A}{P} \geqq 1.0$$

② 연성재료 : 파괴가 일어나기 전까지 큰 변형에 견디는 성질 (강철, 연강, 구리, 알루미늄)

$$안전율 = \frac{항복응력}{허용응력} \qquad S = \frac{\sigma_y}{\sigma_a} = \frac{\sigma_y \cdot A}{P} \geqq 1.0$$

③ 반복하중을 받는 부재

$$안전율 = \frac{피로한계}{허용응력} \qquad S = \frac{\sigma_f}{\sigma_a} = \frac{\sigma_f A}{P} \geqq 1.0$$

┃연습문제

예문 01 그림과 같은 부정정보에서 C점의 ① 수직변위는? ② A고정단의 반력은?(단, 축강 EA는 일정하다.)

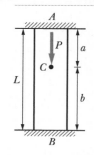

정답 1) $\delta_c = \dfrac{P}{k_1 + k_2} = \dfrac{P}{\dfrac{EA}{a} + \dfrac{EA}{b}} = \dfrac{Pab}{EA(a+b)} = \dfrac{Pab}{EAL}$

2) $R_A = \dfrac{k_1}{k_1 + k_2} P = \dfrac{\dfrac{EA}{a}}{\dfrac{EA}{a} + \dfrac{EA}{b}} P = \dfrac{EAPab}{EA(a+b)b} = \dfrac{Pb}{L}$

예문 02 단면 6cm×4cm의 사각형 기둥이 있다. 이 기둥에 발생하는 응력을 1,000N/cm²이 되도록 하려면 압축하중은 얼마인가?

정답 $P = \sigma \cdot A = 1,000(6 \times 4) = 24,000\text{N} = 24\text{kN}$

예문 03 파괴 압축응력 500N/cm²인 정사각형 단면의 소나무가 압축력 5kN을 안전하게 받을 수 있는 한 변의 최소 길이는?(단, 안전율은 10이다.)

정답 $\sigma = \dfrac{s \cdot P}{A} \rightarrow A = \dfrac{s \cdot P}{\sigma} = \dfrac{10 \times 5,000}{500} = 100\text{cm}^2$ $\therefore a = 10\text{cm}$

예문 04 그림과 같은 리벳이음(Rivet joint)에서 지름 $d = 20\text{mm}$ 하중 $P = 1,200\text{N}$이 작용할 때 단면에 작용하는 전단응력은?

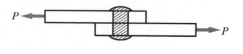

정답 $\tau = \dfrac{P}{A} = \dfrac{4P}{\pi d^2}$

$= \dfrac{4 \times 1,200}{3.14 \times 2^2} = 382\text{N/cm}^2$

예문 05 각각 10cm의 폭을 가진 3개의 나무토막이 그림과 같이 아교풀로 접착되어 있다. 4,500N의 하중이 작용할 때 접착부에 생기는 평균전단응력은?

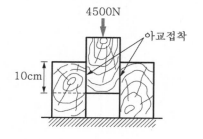

정답 • 접착부 한 쪽 면이 받는 힘

$P = \dfrac{4,500}{2} = 2,250\text{N}$

• 접착부의 단면적

$A = 10 \times 10 = 100\text{cm}^2$

• 평균 전단응력

$\tau = \dfrac{S}{A} = \dfrac{2,250}{100} = 22.5\text{N/cm}^2$

예료 06 지름 2 m, 길이 3cm인 봉에 5,000N 축하중이 작용하여 길이는 1.2mm 늘어나고 지름은 0.0002cm 줄었다. 이 재료의 Poisson 수 m은?

정답 세로변형률 : $\varepsilon = \dfrac{\delta}{l} = \dfrac{0.12}{300} = 0.0004$

가로변형률 : $\beta = \dfrac{\triangle d}{d} = \dfrac{0.0002}{2} = 0.0001$

$\therefore m = \dfrac{\varepsilon}{\beta} = \dfrac{0.0004}{0.0001} = 4$

예료 07 두 부재로 이루어진 트러스 구조시스템에서 그림과 같이 연직방향으로 6kN 의 하중이 작용할 때, 부재 AB에 필요한 최소단면적[mm^2]은?(단 트러스 구조의 각 결점은 핀 접합으로 계획하며, 사용 강재의 허용인장응력은 125MPa 이다.)

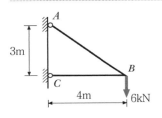

정답

1)

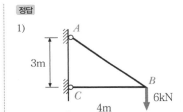

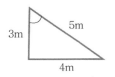

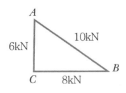

2) 면적(A)

$A = \dfrac{P_{AB}}{\sigma} = \dfrac{10 \times 10^3 \text{N}}{125 \text{N/mm}^2}$

$= 80\text{mm}^2$

예료 08 지름 4cm, 길이 1m의 연강의 한 끝을 고정하고 다른 끝에 $T = 5,000\text{N} \cdot \text{cm}$ 의 비틀림 모멘트를 작용시켰을 때 이 봉에 생기는 최대 전단응력은?

정답 $\tau = \dfrac{T}{Z_P} = \dfrac{16\,T}{\pi d^3} = \dfrac{16 \times 5,000}{3.14 \times 4^3} = 398\text{N/cm}^2$

예문 09 그림과 같은 봉 부재에서 온도에 의한 신장량은?(단, $\alpha = 10^{-5}/°C$, $\triangle T = 50°C$ 증가)

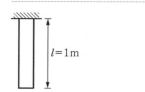

$l=1\text{m}$

정답
$$\triangle l = \alpha \cdot \triangle T \cdot l$$
$$= 10^{-5} \times 50 \times 100$$
$$= 5 \times 10^{-2}\text{cm}$$
$$= 0.5\text{mm}$$

예문 10 다음 그림과 같은 원통형 부재에 $P=10\text{kN}$ 의 하중이 작용하여 하중작용 방향으로 0.03cm 줄었고, 하중 작용 직각 방향으로 0.0015cm가 늘어났다면 이 부재의 프와송 비(ν)는?

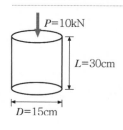

$P=10\text{kN}$

$L=30\text{cm}$

$D=15\text{cm}$

정답

$$\text{프와송 비}(\nu) = \frac{\text{가로}}{\text{세로}} = \frac{\dfrac{\triangle d}{D}}{\dfrac{\triangle l}{l}} = \frac{l\triangle d}{D\triangle l}$$

$$= \frac{30 \times 0.0015}{15 \times 0.03}$$
$$= 0.1$$

예문 11 길이가 1.0m인 강봉 AB가, 실온에서 강(剛)벽과 A단 사이의 간격이 0.10mm가 되도록 놓여 있다. 온도 가 40°C 만큼 상승했을 때 봉재 내의 축압축응력 σ는? (단, $\alpha = 17 \times 10^{-6}/°C$, $E=110\text{GPa}$이다.)

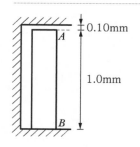

0.10mm

A

1.0mm

B

정답 온도상승으로 인한 변형량 δ는

$$\delta = \alpha \cdot \triangle T \cdot l = 17 \times 10^{-6} \times 40 \times 1,000 = 0.68\text{mm}$$

이 변형량 0.68mm 강벽의 간격이 0.1mm보다 크기 때문에 강 봉 AB는 압축을 받게 된다.

따라서 압축량

$$\delta_c = \delta - 0.10 = 0.68 - 0.10 = 0.58\text{mm}$$

$$\therefore \sigma = E\varepsilon = E\frac{\delta_c}{l} = \frac{(110\text{GPa})(0.58\text{mm})}{(1,000\text{mm})}$$

$$= 63.8\text{MPa}$$

예문 12 단면의 크기가 10cm $\times$ 10cm 이고 길이가 2m 인 기둥에 80kN 의 압축력을 가했더니 길이가 2mm 줄 어들었다. 이 부재에 사용된 재료의 탄성계수는?

정답
$$E = \frac{\sigma}{\varepsilon} = \frac{Pl}{A\triangle l} = \frac{(80 \times 10^3)(2 \times 10^3)}{(100 \times 100)(2)}$$
$$= 8 \times 10^3 \text{N/mm}^2$$
$$= 8 \times 10^3 \text{MPa}$$

예문 13 길이 700mm, 지름 50mm의 강봉이 고정벽 사이에 있을 때 강봉의 온도가 100℃ 상승할 때 생기는 열응력 σ 및 고정벽에 작용하는 힘 P는? (단, $E = 200\text{GPa}$, $\alpha = 11 \times 10^{-6}℃^{-1}$이다.)

정답 $d = 50\text{mm} = 5 \times 10^{-2}\text{m}$, $E = 200\text{GPa} = 200 \times 10^9\text{N/m}^2$

$\triangle t = 100℃$

$\sigma = \alpha \cdot \triangle t \cdot E = 11 \times 10^{-6} \times 100 \times 200 \times 10^9 = 220 \times 10^6\text{N/m}^2$

$\therefore \sigma = 220\text{MPa}$

$P = \sigma \cdot A = \sigma \left(\dfrac{\pi d^2}{4} \right) = 220 \times 10^6 \dfrac{3.14 \times (5 \times 10^{-2})^2}{4} = 432 \times 10^3\text{N}$

$\therefore P = 432\text{kN}$

예문 14 길이 100mm, 지름 10mm의 강봉을 당겼더니 10mm 늘어났다면 지름의 줄음양은?(단, 프와송 비는 1/3이다.)

정답 프와송 비 $= \dfrac{\text{가로변형률}\left(\dfrac{\Delta d}{d} \right)}{\text{세로변형률}\left(\dfrac{\Delta l}{l} \right)}$

$\therefore \dfrac{1}{3} = \dfrac{\dfrac{\Delta d}{10}}{\dfrac{10}{100}}$

$\therefore \Delta d = \dfrac{1}{3} \times \dfrac{10}{100} \times 10 = \dfrac{1}{3}\text{mm}$

예문 15 직경이 20cm이고 길이가 1m인 원형봉에 인장력 P를 가하였더니, 봉의 길이가 20mm 증가하고 직경이 2mm감소하였다. 이 봉의 프와송 비(Poisson's ratio)는 얼마인가?

공식

프와송 비 $= \dfrac{\beta}{\varepsilon} = \dfrac{\left(\dfrac{\Delta d}{d} \right)}{\left(\dfrac{\Delta l}{l} \right)}$

정답 프와송 비$(\nu) = \dfrac{\text{가로}}{\text{세로}} = \dfrac{\dfrac{\Delta d}{D}}{\dfrac{\Delta l}{l}} = \dfrac{l\Delta d}{D\Delta l}$

$= \dfrac{100 \times 0.2}{20 \times 2} = 0.5$

예문 16 전단변형률이 $\gamma = 2.5 \times 10^{-3}$인 그림과 같은 정방형의 나무토막에서 대각선의 길이가 $AD = 6\text{cm}$일 때 전단에 의한 변형량 CC'는 얼마인가?

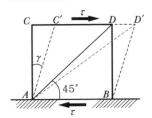

정답 $AC = AD\cos45° = 6 \times \dfrac{1}{\sqrt{2}} = 4.2\text{cm}$

$CC' = \gamma \cdot AC = 2.5 \times 10^{-3} \times 4.2$

$\therefore CC' = 0.01\text{cm}$

예문 17 다음 그림과 같은 직사각형 판의 AB면을 고정시키고 점 C를 수평으로 0.3mm 이동시켰을 때, 측면 AC 의 전단변형도를 구하시오.

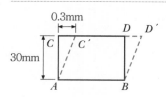

정답 전단변형도 $\gamma = \dfrac{\lambda}{l} = \dfrac{0.03\text{cm}}{30\text{cm}} = 0.001\,(\text{rad})$

예문 18 구형평판이 점선으로 표시된 것과 같이 찌그러졌다. AB' 의 길이가 50.03mm일 때 전단변형도 γ_{xy}는?

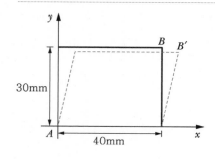

정답 전단변형도는 길이변형도의 2배이다.

$(\gamma = 2\varepsilon = 2\dfrac{\triangle l}{l})$

$AB = l = 50\text{mm}$

$\triangle l = AB' - AB = 50.03 - 50$
$\quad\quad = 0.03\text{mm}$

$\therefore \gamma_{xy} = 2\dfrac{\triangle l}{l} = 2\dfrac{0.03}{50}$
$\quad\quad = 0.0012\,(\text{rad})$

예문 19 다음과 같이 길이 20cm, 단면 20cm×20cm인 부재에 100kN의 전단력이 가해졌을 때 전단변형량은?(단, 전단 탄성계수 $G = 80,000\text{N/cm}^2$이다.)

정답

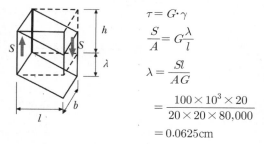

$\tau = G \cdot \gamma$

$\dfrac{S}{A} = G\dfrac{\lambda}{l}$

$\lambda = \dfrac{Sl}{AG}$

$\quad = \dfrac{100 \times 10^3 \times 20}{20 \times 20 \times 80,000}$

$\quad = 0.0625\text{cm}$

예문 20 지름 6cm, 길이 300cm인 연강봉에 7,000N의 인장하중이 작용하면 변형량은 얼마인가?(단, $E = 2.1 \times 10^6$ N/cm²이다.)

정답 $E = \dfrac{\sigma}{\varepsilon} = \dfrac{P \cdot l}{A \cdot \triangle l} \rightarrow \triangle l = \dfrac{Pl}{AE}$

$\therefore \triangle l = \dfrac{7,000 \times 300}{\dfrac{\pi \times 6^2}{4} \times 2.1 \times 10^6} = 0.035\text{cm}$

예문 21 탄성계수가 200GPa, 길이가 5m, 단면적이 $100\,\mathrm{mm}^2$인 직선부재에 10kN의 축방향 인장력이 작용할 때, 부재의 늘어난 길이(mm)는?

정답 $\Delta l = \dfrac{P \cdot l}{A \cdot E} = \dfrac{(10 \times 10^3)\mathrm{N} \times 5{,}000\,\mathrm{mm}}{(200 \times 10^3)\mathrm{MPa} \times 100\,\mathrm{mm}^2} = 2.5\,\mathrm{mm}$

예문 22 단면적 $100\,\mathrm{cm}^2$, 길이가 1m인 기둥에 10N의 힘을 가했더니 1mm가 줄어들었다. 이 때 영계수를 구하면 얼마인가?

정답 $P = 10\mathrm{N}$, $A = 100\mathrm{cm}^2$, $\Delta l = 0.1\mathrm{cm}$, $l = 100\mathrm{cm}$

$$\therefore E = \frac{\sigma}{\varepsilon} = \frac{Pl}{A\Delta l}$$

$$= \frac{10\mathrm{N} \times 100\mathrm{cm}}{100\mathrm{cm}^2 \times 0.1\mathrm{cm}} = 100\,N/\mathrm{cm}^2$$

예문 23 다음 그림은 응력-변형도 곡선을 나타낸 것이다. 이 강재의 탄성계수 E값은?

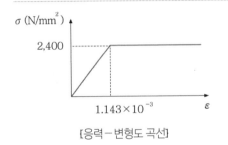

[응력-변형도 곡선]

정답 탄성계수

$$E = \frac{\sigma}{\varepsilon} = \frac{2{,}400}{1.143 \times 10^{-3}}$$

$$= 2{,}099.733\mathrm{N/mm}^2$$

$$\fallingdotseq 2.1 \times 10^6 \mathrm{N/mm}^2$$

참고 탄성계수 E는 $\sigma - \varepsilon$ 곡선의 기울기이다.

예문 24 길이 4m 인 강봉에 60kN 의 축방향 인장하중이 작용할 때 늘어나는 길이(mm)는?(단, 강봉의 탄성계수 $E = 2.0 \times 10^5 \mathrm{MPa}$, 단면적 $A = 600\,\mathrm{mm}^2$이다.)

정답 $\Delta l = \dfrac{P \cdot l}{A \cdot E} = \dfrac{60{,}000\mathrm{N} \times 4{,}000\,\mathrm{mm}}{600\,\mathrm{mm}^2 \times (2 \times 10^5)\mathrm{MPa}} = 2\,\mathrm{mm}$

예문 25 봉 부재의 길이가 10m이고, 온도가 20℃ 상승했을 때 부재가 늘어난 길이 $\triangle l$ 는?(단, $E = 2.0 \times 10^6 \mathrm{N/cm}^2$, $\alpha = 1.5 \times 10^{-5}$이다.)

정답 $\triangle l = \alpha \cdot \triangle T \cdot l = 1.5 \times 10^{-5} \times 20 \times 1{,}000 = 0.3\mathrm{cm}$

예문 26 프와송(Poisson) 비가 0.5일 때 프와송 수는?

정답 $m \cdot \nu = 1$　　　　　　　$m \cdot 0.5 = 1 = 2$

예문 27 다음 그림과 같이 길이가 1.0m, 단면적이 500mm²인 탄성 재질의 강봉을 50kN의 힘으로 당겼을 때 강봉의 변형률은?(단, 강봉의 탄성계수는 $E = 2.0 \times 10^5$MPa이다.)

정답

50kN

1.0m

50kN

$$E = \frac{\sigma}{\varepsilon}$$

$$\therefore \varepsilon = \frac{\sigma}{E} = \frac{1}{E} \times \frac{P}{A} = \frac{50 \times 10^3}{(2 \times 10^5)(500)} = 5 \times 10^{-4}$$

예문 28 길이 10m의 PS 강선을 프리텐션에 의하여 인장대에서 일단 긴장 정착할 경우 긴장재의 응력 감소량은 얼마인가?(단, 정착장치의 활동량 $\Delta l = 4$mm, 긴장재의 단면적 $A_P = 8$mm², 긴장재의 탄성계수 $E_P = 2.0 \times 10^5$N/mm²)

정답 긴장재의 응력 감소량(Δf)

$$= E_{PS} \times \frac{\Delta l}{l} = (2.0 \times 10^5) \times \frac{4\text{mm}}{10,000\text{mm}} = 80\text{N/mm}^2$$

예문 29 다음 D22 철근을 인장시켰을 때 늘어난 길이는?(단, $E = 2 \times 10^3$kN/cm², $1 - D22$ 단면적은 3cm²)

P=4.2kN

l=3m Δl

정답 늘어난 길이

$$\Delta l = \frac{P \cdot l}{E \cdot A} = \frac{4.2 \times 300}{2 \times 10^3 \times 3}$$

$$= 0.21\text{cm}$$

예문 30 길이 3m, 단면 40×50cm인 직사각형 기둥이 200N의 압축력을 받을 때 줄어든 길이는?(단, 이 재료의 영계수는 150N/cm²이다.)

정답 $\Delta l = \dfrac{P \cdot l}{A \cdot E} = \dfrac{200 \times 300}{150 \times 40 \times 50} = 0.2$

$$\therefore \Delta l = 0.2\text{cm}$$

예문 31 단면이 4cm×4cm의 부재에 5kN의 전단력을 작용시켜 전단변형도 $\gamma = 0.001$(rad)가 생겼다. 이때 전단탄성계수 G는?

정답 $G = \dfrac{\tau}{\gamma} = \dfrac{S}{A} \cdot \dfrac{1}{\gamma} = \dfrac{5,000}{4 \times 4} \cdot \dfrac{1}{0.001} = 312,500$N/cm²

예문 32 균일한 단면을 가진 부재에 인장응력도가 $100\text{N}/\text{cm}^2$ 일어나도록 인장력을 가했을 때, 부재의 길이가 0.1cm 늘어났다면, 이때 이 부재의 원래의 길이는?(단, 영계수 $E = 9 \times 10^5\text{N}/\text{cm}^2$)

정답 원래의 길이

$$l = \frac{E \cdot A \cdot \Delta l}{P} = \frac{9 \times 10^5 \times 1 \times 0.1}{100}$$

$$\therefore l = 900\text{cm} = 9\text{m}$$

A는 문제조건에서 균일한 단면이므로 $A = 1$ 이다.

예문 33 다음 그림 (a)와 같은 구조물에 중심축력 P가 작용할 때, 축변형 값이 1mm 이다. 동일한 재료특성을 가진 (b)와 같은 구조물에 중심축력 $2P$가 작용할 때, 축변형 값[mm]은?(단, 좌굴은 고려하지 않고, 구조물은 탄성거동한다고 가정한다.)

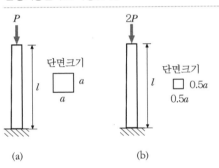

(a)　　　　(b)

정답 1) $\Delta l = \dfrac{Pl}{AE} = \dfrac{Pl}{a^2 E} = 1\text{mm}$

2) $\Delta l = \dfrac{Pl}{AE} = \dfrac{2P \times l}{(0.5 \times 0.5)a^2 E}$

$\qquad = \dfrac{2}{0.5 \times 0.5} \times \dfrac{Pl}{a^2 E}$

$\qquad = \dfrac{2}{0.5 \times 0.5} \times 1$

$\qquad = 8\text{mm}$

예문 34 지름 $d = 2.2\text{cm}$의 재료가 $P = 2{,}500\text{N}$의 전단하중을 받아서 0.00075(rad)의 전단변형률을 발생하였다. 이때 이 재료의 가로탄성계수는?

정답 $\tau = \dfrac{P}{A} = \dfrac{4P}{\pi d^2} = \dfrac{4 \times 2{,}500}{3.14 \times (2.2)^2} = 658\text{N}/\text{cm}^2$

$G = \dfrac{\tau}{\gamma} = \dfrac{658}{0.0075} = 8.77 \times 10^5\text{N}/\text{cm}^2$

예문 35 강재의 응력-변형도 곡선에서 변형도가 커짐에 따라 다음의 각 점들이 나타나는 순서는?

보기

ㄱ. 상위항복점　　ㄴ. 하위항복점　　ㄷ. 비례한계점

ㄹ. 탄성한계점　　ㅁ. 파괴강도점

① ㄹ-ㄴ-ㄷ-ㄱ-ㅁ

② ㄷ-ㄹ-ㄱ-ㄴ-ㅁ

③ ㄹ-ㄱ-ㄷ-ㄴ-ㅁ

④ ㄷ-ㄱ-ㄴ-ㄹ-ㅁ

정답 ②

응력-변형도 곡선의 순서

비례한계점 → 탄성한계점 → 상위항복점 → 하위항복점 → 변형도경화개시점 → 최대응력(강도)점 → 파괴강도점

예문 **36** 다음과 같은 부재에 길이의 변화량 δ는?(단, 보는 균일하며 단면적 A와 탄성계수 E는 일정하다.)

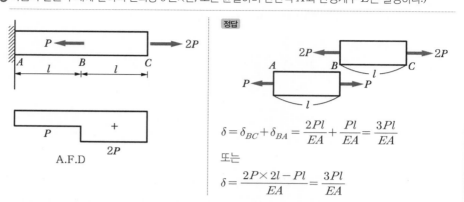

정답

$$\delta = \delta_{BC} + \delta_{BA} = \frac{2Pl}{EA} + \frac{Pl}{EA} = \frac{3Pl}{EA}$$

또는

$$\delta = \frac{2P \times 2l - Pl}{EA} = \frac{3Pl}{EA}$$

예문 **37** 다음 그림과 같은 부재에서 길이의 변화량 δ는 얼마인가?(단, 보는 균일하며 단면적 A와 탄성계수 E는 일정하다고 가정한다.)

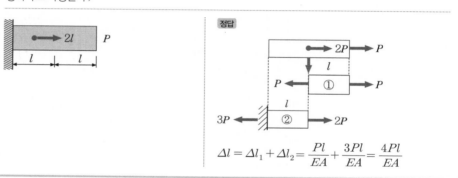

정답

$$\Delta l = \Delta l_1 + \Delta l_2 = \frac{Pl}{EA} + \frac{3Pl}{EA} = \frac{4Pl}{EA}$$

예문 **38** 그림과 같은 봉이 B, C, D점에서 하중을 받고 있다. 전 구간의 축강도 EA가 일정할 때 이 같은 하중하에서 BC간의 변형량은?

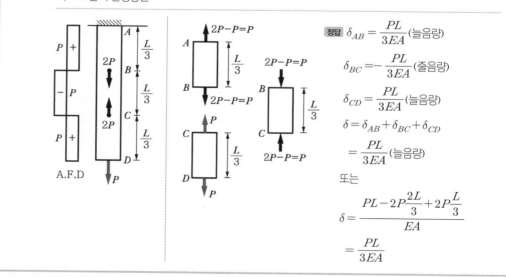

정답 $\delta_{AB} = \dfrac{PL}{3EA}$ (늘음량)

$\delta_{BC} = -\dfrac{PL}{3EA}$ (줄음량)

$\delta_{CD} = \dfrac{PL}{3EA}$ (늘음량)

$\delta = \delta_{AB} + \delta_{BC} + \delta_{CD}$

$\quad = \dfrac{PL}{3EA}$ (늘음량)

또는

$$\delta = \frac{PL - 2P\dfrac{2L}{3} + 2P\dfrac{L}{3}}{EA}$$

$$= \frac{PL}{3EA}$$

예문 39 한 변이 4cm인 정사각형 봉의 길이가 20cm이고 인장하중 800N이 작용할 때 단면적 변화량과 체적변화량은? (단, $\nu = 0.3$, $E = 2.0 \times 10^6 \text{N/cm}^2$)

정답 $\triangle A = -2\nu A\varepsilon = -2\dfrac{P\nu}{E} = -2\dfrac{800 \times 0.3}{2 \times 10^6} = 2.4 \times 10^{-4} \text{cm}^2 (\text{감소})$

$\triangle V = V\varepsilon(1-2\nu) = \dfrac{Pl}{E}(1-2\nu) = \dfrac{800 \times 20}{2 \times 10^6}(1-2 \times 0.3) = 3.2 \times 10^{-3} \text{cm}^3 (\text{증가})$

예문 40 길이 12ft인 강재 파이프가 그림과 같이 하중을 받고 있다. 파이프의 단면적이 2.8in^2이고 탄성계수 $E = 30 \times 10^6 \text{PSi}$일 때 고정단으로부터 변위가 0인 지점까지의 거리 x는?

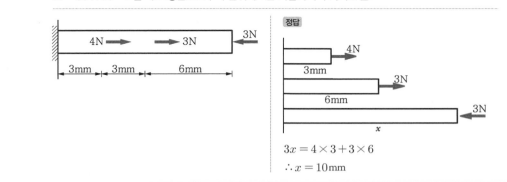

정답

$3x = 4 \times 3 + 3 \times 6$

$\therefore x = 10\text{mm}$

예문 41 단면적 1cm^2인 강철봉이 그림과 같이 부분적으로 다른 크기의 힘을 받고 있다. 이 봉의 BC구간의 신장량은? (단, $E = 2 \times 10^6 \text{N/cm}^2$이다.)

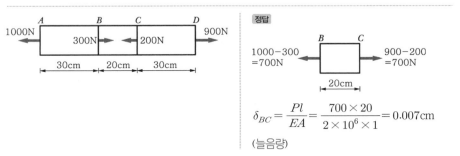

정답

1000−300 =700N   900−200 =700N

$\delta_{BC} = \dfrac{Pl}{EA} = \dfrac{700 \times 20}{2 \times 10^6 \times 1} = 0.007\text{cm}$

(늘음량)

예문 42 단면이 2.5cm×4cm의 부재에 얼마의 전단력을 작용시켜 0.001(rad)의 전단변형도가 생겼다. 전단탄성계수 $G = 800,000 \text{N/cm}^2$이라면 가해진 전단력의 크기는?

정답 $G = \dfrac{\tau}{\gamma} \rightarrow \tau = G \cdot \gamma = 800,000 \times 0.001 = 800 \text{N/cm}^2$

$\tau = \dfrac{S}{A} \rightarrow S = \tau \cdot A = 800 \times 2.5 \times 4 = 8,000\text{N}$ $\therefore S = 8\text{kN}$

예제 43 단면 6cm×10cm의 목재가 400N의 압축하중을 받고 있다. 안전율을 7로 하면 ① 실제사용응력은 허용응력의 몇 %가 되는가? 또 ② 목재에 가할 수 있는 안전한 최대하중은 얼마인가? (단, 목재의 압축강도는 500N/cm²)

정답 $\sigma_a = \dfrac{500}{7} = 71\text{N/cm}^2$, $\sigma_w = \dfrac{400}{6} \times 10 = 67\text{N/cm}^2$

1) $\dfrac{\sigma_w}{\sigma_a} = 67 \times \dfrac{100}{71} = 94\%\,(0.94)$

2) 안전하중 : $P = 71 \times 6 \times 10 = 4,260\text{N}$ 또는 $P = \dfrac{4,000}{0.94} = 4,255\text{N}$

A ◁ ▷ C Structural Mechanics ● ● ●

08

보의 응력도

contents

08 보의 응력도

1. 휨응력도(굽힘응력도)

1) 공식

① 휨응력도의 일반식

$$\sigma = \pm \frac{M}{I} y \begin{cases} \text{인장응력도} : \sigma_t = +\dfrac{M}{I}y \\[2mm] \text{압축응력도} : \sigma_c = -\dfrac{M}{I}y \end{cases} \Bigg\} \text{임의 단면의 휨응력도}$$

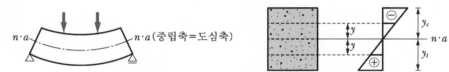

$n \cdot a$ $n \cdot a$ (중립축=도심축)

y_c $n \cdot a$ y_t

② 최대 휨응력도(연응력도)

$$\sigma = \pm \frac{M}{I} y = \pm \frac{M}{Z} \begin{cases} \text{인장응력도} : \sigma_t = +\dfrac{M}{I}y_t = +\dfrac{M}{Z_t} \\[2mm] \text{압축응력도} : \sigma_c = -\dfrac{M}{I}y_c = -\dfrac{M}{Z_c} \end{cases}$$

(a) 직사각형 단면보의 휨응력도 : $\left(Z = \dfrac{bh^2}{6} \right)$

$$\sigma = \frac{M}{Z} = \frac{6M}{bh^2} \rightarrow b = \frac{6M}{\sigma_a h^2} , \ h = \sqrt{\frac{6M}{\sigma_a \cdot b}}$$

(b) 원형 단면보의 휨응력도 : $\left(Z = \dfrac{\pi D^3}{32} \right)$

$$\sigma = \frac{M}{Z} = \boxed{\frac{32M}{\pi D^3}} \rightarrow D = \sqrt[3]{\frac{32M}{\sigma_a \cdot \pi}}$$

(c) 삼각형 단면보의 휨응력도 : $\left(Z = \dfrac{bh^2}{24} \right)$

$$\sigma = \frac{M}{Z} = \boxed{\frac{24M}{bh^2}}$$

(d) I형 단면 및 T형 단면보의 휨응력도

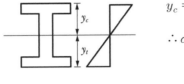

$$y_c = y_t = y$$

$$\therefore \sigma = \frac{M}{I} y$$

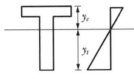

$$y_c < y_t$$

최대 휨응력도 : $\sigma_{\max} = \dfrac{M}{I} y_t$

최소 휨응력도 : $\sigma_{\min} = \dfrac{M}{I} y_c$

③ 저항 모멘트(허용 휨모멘트=최대 휨모멘트), M_r

$$M_r = \sigma_a \cdot Z \rightarrow Z = \frac{M}{\sigma_a}$$

(a) 직사각형 단면보의 저항 모멘트 : $M_r = \sigma_a \dfrac{bh^2}{6}$

(b) 원형 단면보의 저항 모멘트 : $M_r = \sigma_a \dfrac{\pi D^3}{32}$

2) 특성

① 휨응력도는 중립축에서 0이고, 단면 상·하단에서 최대가 된다.

② 휨응력도는 1차식(직선변화)이므로 중립축으로부터 거리가 비례한다.

③ 휨모멘트만 작용할 경우 단면의 중립축은 도심축과 일치한다. 그러나 축력과 휨모멘트가 동시에 작용할 경우 단면의 중립축과 도심축은 일치하지 않는다.

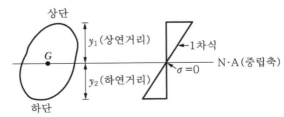

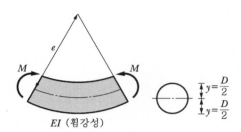

2. 곡률반경과 휨응력

EI (휨강성)

$y=\dfrac{D}{2}$

$y=\dfrac{D}{2}$

곡률 : $\dfrac{1}{\rho}=\dfrac{M}{EI}$

곡률반경 : $\rho=\dfrac{EI}{M}$

휨응력 : $\sigma=\dfrac{M}{I}y \rightarrow M=\sigma\dfrac{I}{y}$

$$\rho=\dfrac{EI}{\sigma\dfrac{I}{y}}=\dfrac{E\cdot y}{\sigma}$$

$$\therefore \sigma=\dfrac{E\cdot y}{\rho}$$

3. 합성보

1) 정의

두 가지 이상의 재료로 이루어져 단일보와 같이 작용하는 보를 합성보라 한다.

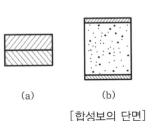 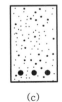

(a) 복합보
(b) 샌드위치보
(c) 철근콘크리트보

[합성보의 단면]

2) 응력

우선 두 가지 재료로 된 합성보의 단면을 그 두 재료 중 어느 한쪽의 단일재료로 된 등가단면으로 고쳐 해석한다.

3) 환산단면

두 가지 재료로 구성된 단면을 한 가지 재료로 만들어진 등가단면으로 환산할 수 있는데 이를 환산단면이라 한다.

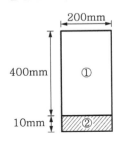

조건

$E_1 = 10\mathrm{GPa}$, $E_2 = 100\mathrm{GPa}$이라면

① 탄성계수비 $n = \dfrac{E_2}{E_1} = \dfrac{100}{10} = 10$

② 환산단면

$$A_t = \frac{1}{n}A_① + A_② = \frac{1}{10}(20 \times 40) + (20 \times 1)$$

$$\therefore A_t = 80 + 20 = 100\mathrm{cm}^2$$

4. 전단응력도

1) 공식

① 전단응력도의 일반식

$$\tau = \frac{SG}{Ib} = \frac{VQ}{Ib}$$

$S(V)$: 전단응력을 구하고자 하는 단면의 전단력

$G(Q)$: 전단응력을 구하고자 하는 위치의 바깥쪽에 있는 단면의 중립축에 대한 단면 1차 모멘트

I : 중립축에 대한 단면 2차 모멘트

b : 전단응력을 구하고자 하는 위치의 단면의 폭

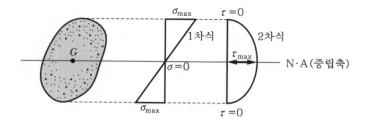

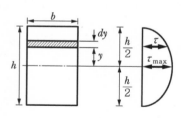

$$G = \int_y^{\frac{h}{2}} y \cdot dA = \int_y^{\frac{h}{2}} y \cdot b dy = b \left[\frac{y}{2} \right]_y^{\frac{h}{2}}$$

$$= \frac{b}{2} \left(\frac{h^2}{4} - y \right)$$

$$\tau = \frac{SG}{Ib} = \frac{S}{\frac{bh^3}{12} \cdot b} \cdot \frac{b}{2} \left(\frac{h^2}{4} - y^2 \right)$$

$$= \frac{6S}{bh^3} \left(\frac{h^2}{4} - y^2 \right)$$

$$\therefore \tau = \frac{3}{2} \frac{S}{bh^3} (h^2 - 4y^2) \quad \leftarrow \text{2차 곡선}$$

② 최대 전단응력

$$\tau_{\max} = k\frac{S}{A} \begin{cases} k(\text{전단계수}) : \text{단면의 형상에 따라 평균전단응력도 } \frac{S}{A} \text{에 곱해주} \\ \text{는 계수, 일명 형상계수라고도 한다.} \end{cases}$$

(a) 직사각형 단면 : $k = \dfrac{3}{2} = 1.5,\ A = bh$

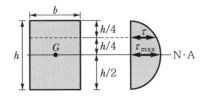

• 중립축에서 대한 전단응력 최대전단응력

$$\tau_{\max} = \frac{3}{2} \cdot \frac{S}{bh} = \frac{3}{2} \cdot \frac{S}{A}$$

• 높이의 4등분 점의 전단응력

$$\tau = \frac{9}{8} \cdot \frac{S}{bh} = \frac{9}{8} \cdot \frac{S}{A}$$

(b) 원형 단면 : $k = \dfrac{4}{3} = 1.3,\ A = \pi r^2 = \dfrac{\pi D^2}{4}$

• 중립축에 대한 전단응력 최대 전단응력

$$\tau_{\max} = \frac{4}{3} \cdot \frac{S}{\pi r^2} = \frac{4}{3} \cdot \frac{S}{A}$$

(c) 삼각형 단면 : $k = \dfrac{3}{2} = 1.5,\ A = \dfrac{bh}{2} \rightarrow bh = 2A$

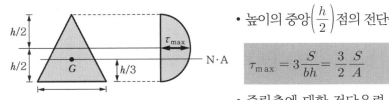

• 높이의 중앙$\left(\dfrac{h}{2}\right)$점의 전단응력 최대전단응력

$$\tau_{\max} = 3\frac{S}{bh} = \frac{3}{2}\frac{S}{A}$$

• 중립축에 대한 전단응력

$$\tau = \frac{8}{3} \cdot \frac{S}{bh} = \frac{4}{3}\frac{S}{A}$$

삼각형 단면적 A 와 직사각형 단면적 A 가 같다. 두 단면의 최대 전단응력도 같다.

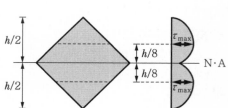

(d) 마름모꼴 단면 : $k = \dfrac{9}{8} = 1.125$, $A = \dfrac{bh}{2} \rightarrow bh = 2A$

- 중립축에 대한 전단응력

$$\tau = \frac{S}{A}$$

- 높이의 $\dfrac{h}{8}$ 점의 전단응력 최대전단응력

$$\tau_{\max} = \frac{9}{4} \cdot \frac{S}{bh} = \frac{9}{8} \cdot \frac{S}{A}$$

2) 전단응력도의 분포상태

① flange 전단응력

② web 전단응력

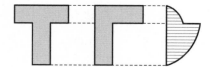

③ 전체전단응력

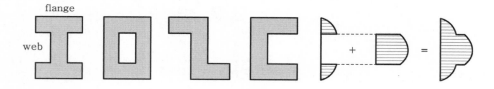

3) 특성

① 전단응력도는 중립축에서 최대이고, 단면 상 · 하단에서 0이다.
② 전단응력도는 2차 곡선(포물선)이다.

5. 전단중심과 전단흐름

1) 단순 굽힘과 비틀림

① 단순 굽힘(순수 휨) : 하중이 도심(G)을 통과하면 보는 도심점을 중심축으로 휘게 된다. 이
   와 같이 비틀림이 생기지 않는 휨을 순수휨이라고 한다.

② 휨과 비틀림 : 하중이 도심(G)을 벗어나면 보가 휘면서 보의 중심축에 대하여 비틀리게 된다.

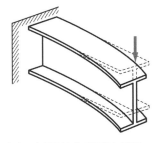
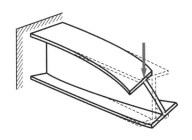

(a) 전단중심에 하중이 작용 (b) 전단중심이 아닌 곳에 하중이 작용
   (순수 힘만 생긴다.)   (휨과 비틀림이 동시에 생긴다.)

2) 전단 중심

전단응력의 합력이 통과하는 점을 전단중심 또는 휨중심이라 하고 단위길이당 전단응력을 전
단흐름(전단류)이라 한다.

> 하중이 전단중심(S)에 작용하면 비틀림이 없이 순수 힘만이 발생한다.

3) 전단 중심의 특징

① 2축이 대칭인 단면의 전단 중심은 도심과 일치한다.

② 1축이 대칭인 단면의 전단 중심은 그 대칭축 선상에 있다.

③ 중심선이 1점에서 교차하는 개단면(開斷面)일 경우에는 그 교점이다.

④ 어느 축도 대칭이 아닌 단면의 전단 중심은 축상에 존재하지 않는 경우가 많아 계산해야 한다.

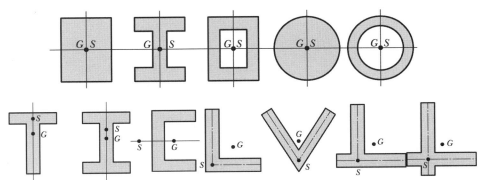

4) 전단중심의 거리(e)

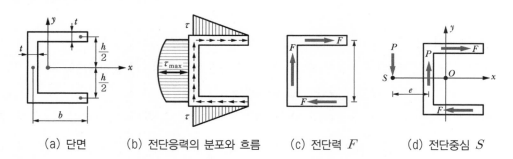

(a) 단면 　　(b) 전단응력의 분포와 흐름 　　(c) 전단력 F 　　(d) 전단중심 S

그림(d)에서 O 점에 대하여 평형을 고려하면 전단중심거리 e를 구할 수 있다.

$$\sum M_o = 0 \; : \; F\cdot\frac{h}{2} + F\cdot\frac{h}{2} + P\cdot e = 0$$

$$P\cdot e = F\cdot h \quad \therefore e = \frac{F\cdot h}{P}$$

여기서, F는 전단흐름이며 $F = \tau\cdot t$

▌연습문제

예문 01 그림과 같은 직사각형 단면보가 최대 휨모멘트 900N·m를 받고 있을 때 상단에서 5cm인 $a-a$ 단면에서 휨응력도는?

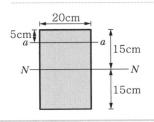

정답 $M = 90,000\text{N} \cdot \text{m}$

$$I = \frac{bh^3}{12} = \frac{20 \times 30 \times 30 \times 30}{12} = 45,000\text{cm}^4$$

$$y = 15 - 5 = 10\text{cm}$$

$$\sigma = \frac{M}{I}y = \frac{90,000}{45,000} \times 10 = 20\text{N/cm}^2$$

예문 02 다음 그림과 같은 보가 휨모멘트 3kN·m를 받을 때 생기는 휨응력도는?

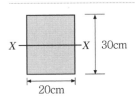

정답 $$\sigma_{\max} = \frac{M}{Z} = \frac{M}{\frac{bh^2}{6}} = \frac{3 \times 10^5}{\frac{20 \times 30^2}{6}}$$

$$= 100\text{N/cm}^2$$

예문 03 다음 그림과 같은 보 단면 (a)와 (b)에 X축에 대한 휨모멘트가 각각 40kN·m씩 작용할 때, 최대 휨응력비 (a : b)는?

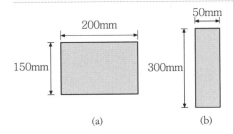

(a)   (b)

정답 최대 휨응력 $\sigma = \dfrac{M_{\max}}{Z}$ 로

$$\therefore (a) : (b) = \frac{1}{Z_a} : \frac{1}{Z_b} = Z_b : Z_a$$

$$= \frac{50 \times 300^2}{6} : \frac{200 \times 150^2}{6}$$

$$= 1 : 1$$

예문 04 주어진 보에서 최대 인장응력도(σ_t)와 최대 압축응력도(σ_c)의 비는?

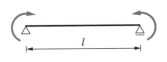

정답

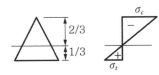

$$\frac{\sigma_t}{\sigma_c} = \frac{\frac{1}{3}}{\frac{2}{3}} = \frac{1}{2}$$

예문 05 다음 그림과 같이 면적이 같은 (A), (B) 단면이 있다. 각 단면의 X축에 대한 탄성단면계수의 비 [(A) 단면 : (B) 단면]와 소성단면 계수의 비 [(A) 단면 : (B) 단면)]는?

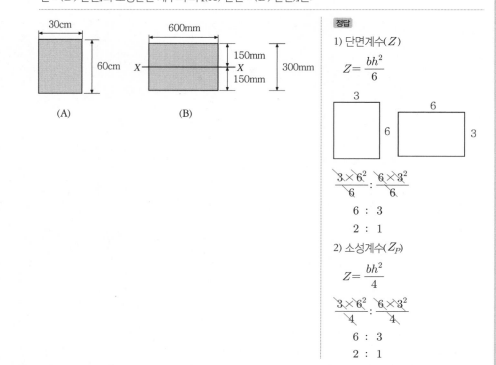

(A)   (B)

정답

1) 단면계수(Z)

$$Z = \frac{bh^2}{6}$$

$$\frac{3 \times 6^2}{6} : \frac{6 \times 3^2}{6}$$

$$6 : 3$$

$$2 : 1$$

2) 소성계수(Z_P)

$$Z = \frac{bh^2}{4}$$

$$\frac{3 \times 6^2}{4} : \frac{6 \times 3^2}{4}$$

$$6 : 3$$

$$2 : 1$$

예문 06 T형 단면보에서 굽힘모멘트 12kNm, 중립축에 대한 단면 2차 모멘트 12,000cm⁴ 일 때 최대 휨응력도는?

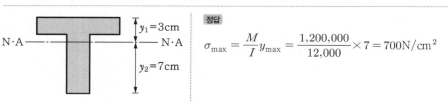

정답

$$\sigma_{\max} = \frac{M}{I} y_{\max} = \frac{1,200,000}{12,000} \times 7 = 700 \text{N/cm}^2$$

예문 07 다음 그림과 같이 보의 단면이 폭 10cm, 높이 20cm일 때 최대 휨응력은?

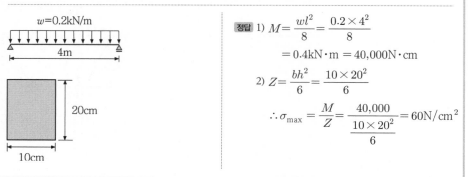

정답 1) $M = \dfrac{wl^2}{8} = \dfrac{0.2 \times 4^2}{8}$

$\qquad = 0.4 \text{kN} \cdot \text{m} = 40,000 \text{N} \cdot \text{cm}$

2) $Z = \dfrac{bh^2}{6} = \dfrac{10 \times 20^2}{6}$

$\therefore \sigma_{\max} = \dfrac{M}{Z} = \dfrac{40,000}{\dfrac{10 \times 20^2}{6}} = 60 \text{N/cm}^2$

예제 08 그림과 같은 목재로 된 직사각형 단순보가 있다. 보의 자중을 무시할 때 지간 중앙 C점에서 이 보가 안전하게 받을 수 있는 최대 집중하중 P의 크기는? (단, 목재의 허용응력 $\sigma_a = 80\text{N.cm}^2$)

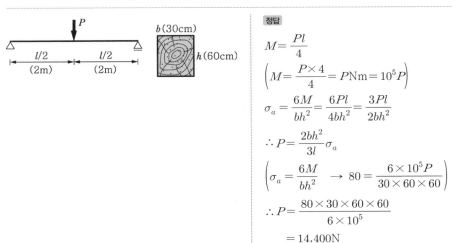

정답

$$M = \frac{Pl}{4}$$

$$\left(M = \frac{P \times 4}{4} = P\text{Nm} = 10^5 P \right)$$

$$\sigma_a = \frac{6M}{bh^2} = \frac{6Pl}{4bh^2} = \frac{3Pl}{2bh^2}$$

$$\therefore P = \frac{2bh^2}{3l} \sigma_a$$

$$\left(\sigma_a = \frac{6M}{bh^2} \rightarrow 80 = \frac{6 \times 10^5 P}{30 \times 60 \times 60} \right)$$

$$\therefore P = \frac{80 \times 30 \times 60 \times 60}{6 \times 10^5}$$

$$= 14{,}400\text{N}$$

예제 09 허용 휨응력이 $\sigma_a = 80\text{N/cm}^2$일 때 $20 \times 30\text{cm}$의 직사각형 단면인 캔틸레버보가 받을 수 있는 최대 등분포하중 w의 크기는?

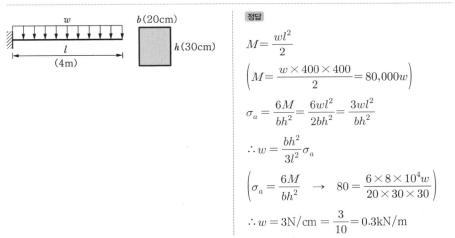

정답

$$M = \frac{wl^2}{2}$$

$$\left(M = \frac{w \times 400 \times 400}{2} = 80{,}000w \right)$$

$$\sigma_a = \frac{6M}{bh^2} = \frac{6wl^2}{2bh^2} = \frac{3wl^2}{bh^2}$$

$$\therefore w = \frac{bh^2}{3l^2} \sigma_a$$

$$\left(\sigma_a = \frac{6M}{bh^2} \rightarrow 80 = \frac{6 \times 8 \times 10^4 w}{20 \times 30 \times 30} \right)$$

$$\therefore w = 3\text{N/cm} = \frac{3}{10} = 0.3\text{kN/m}$$

예제 10 다음 목재 단면의 크기가 b(가로)$\times$(세로)$=100\text{mm} \times 200\text{mm}$인 캔틸레버보의 끝에 3kN의 하중을 가할 때 지탱할 수 있는 캔틸레버보의 최대 길이는?(단, 허용 휨응력은 9MPa)

정답 $\sigma = \dfrac{M}{Z}$

$\therefore M = \sigma \cdot Z$

$Pl = \sigma \cdot Z$

$(3{,}000) \times l = 9 \times \dfrac{100 \times 200^2}{6}$

$l = 2\text{m}$

예제 11 그림과 같은 단순보에 등분포하중이 작용할 때, 보 중앙 단면의 A점에 생기는 휨응력도는?

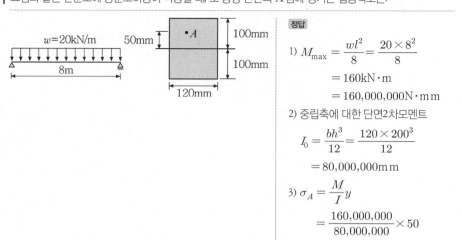

정답

1) $M_{max} = \dfrac{wl^2}{8} = \dfrac{20 \times 8^2}{8}$
   $= 160 \text{kN} \cdot \text{m}$
   $= 160,000,000 \text{N} \cdot \text{mm}$

2) 중립축에 대한 단면2차모멘트
   $I_0 = \dfrac{bh^3}{12} = \dfrac{120 \times 200^3}{12}$
   $= 80,000,000 \text{mm}$

3) $\sigma_A = \dfrac{M}{I} y$
   $= \dfrac{160,000,000}{80,000,000} \times 50$
   $= 100 \text{N/mm}^2$

예제 12 최대 휨모멘트 $8,000 \text{N} \cdot \text{m}$ 를 받는 목재보의 직사각형 단면에서 폭 $b = 25 \text{cm}$ 일 때 높이 h는 얼마인가? (단, 자중은 무시하고 허용 휨응력 $\sigma_a = 120 \text{N/cm}^2$)

정답 $\sigma_a = \dfrac{6M}{bh^2} \rightarrow h = \sqrt{\dfrac{6M}{\sigma_a \cdot b}} = \sqrt{\dfrac{6 \times 800,000}{120 \times 25}} = \sqrt{1,600} = 40 \text{cm}$

예제 13 그림과 같은 캔틸레버보에서 휨모멘트에 충분히 안전하도록 하기 위한 지간 l은 얼마인가? (단, 허용 휨응력 $\sigma_a = 125 \text{N/cm}^2$)

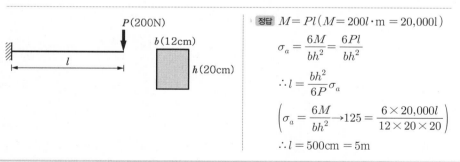

정답 $M = Pl \,(M = 200l \cdot \text{m} = 20,000l)$

$\sigma_a = \dfrac{6M}{bh^2} = \dfrac{6Pl}{bh^2}$

$\therefore l = \dfrac{bh^2}{6P} \sigma_a$

$\left(\sigma_a = \dfrac{6M}{bh^2} \rightarrow 125 = \dfrac{6 \times 20,000l}{12 \times 20 \times 20} \right)$

$\therefore l = 500 \text{cm} = 5 \text{m}$

예제 14 재료의 허용응력 $\sigma = 60 \text{N/cm}^2$인 보에 $1.5 \text{kN} \cdot \text{m}$ 의 휨모멘트가 작용할 때 단면계수로 적당한 값은?

정답 $\sigma_b = \dfrac{M}{Z} \rightarrow Z = \dfrac{M}{\sigma_b} = \dfrac{1.5 \times 10^5}{60} = 2,500 \text{cm}^3$

예문 15 A재료의 탄성계수 10GPa, B재료의 탄성계수 100GPa인 합성단면의 중립축은 상연으로부터 어디에 위치하나?

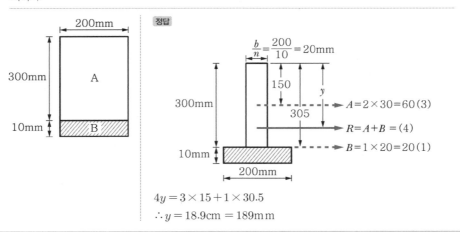

정답

$$4y = 3 \times 15 + 1 \times 30.5$$
$$\therefore y = 18.9cm = 189mm$$

예문 16 콘크리트 면적 1,200cm², I형 철골면적 60cm²일 때 중립축은 상단으로부터 어디에 위치하나? (단, $\dfrac{E_s}{E_c} = 10$이다.)

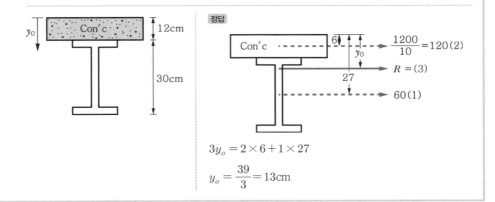

정답

$$3y_o = 2 \times 6 + 1 \times 27$$
$$y_o = \frac{39}{3} = 13cm$$

예문 17 전단력 V를 받는 단면에서 높이의 4등분선 $n-n$축의 전단응력도는?

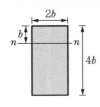

정답

1) $G = Ay = (b \times 2b)\left(b + \dfrac{b}{2}\right) = 3b^3$

2) $I = \dfrac{bh^3}{12} = \dfrac{1}{12}(2b)(4b)^3 = \dfrac{32}{3}b^4$

3) $\tau_{n-n} = \dfrac{SG}{Ib} = \dfrac{(V)(3b^3)}{\left(\dfrac{32}{3}b^4\right)(2b)} = \dfrac{9V}{64b^2}$

또는

$$\tau_{n-n} = \frac{9}{8} \times \frac{V}{A} = \frac{9}{8} \times \frac{V}{(2b \times 4b)} = \frac{9V}{64b^2}$$

예문 18 강재 단면에서 형상계수(k)는 소성단면계수(Z)를 탄성단면계수(S)로 나눈 값으로 정의한다. 다음 단면 중 형상계수가 가장 큰 순서대로 나열하시오

보기

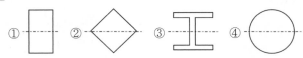

정답 중립축 부근에 재료가 몰려 있을수록 단면 형상계수비는 크다.

예문 19 그림과 같은 보에서 최대 휨응력도는?

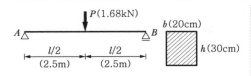

정답

$$M = \frac{Pl}{4} \left(M = \frac{1.68 \times 5}{4} = 2.1\text{kNm} \right)$$

$$\sigma = \frac{6M}{bh^2} = \frac{6Pl}{4bh^2} = \frac{3Pl}{2bh^2}$$

$$\left(\sigma = \frac{6M}{bh^2} = \frac{6 \times 2.1 \times 10^5}{20 \times 30 \times 30} = 70\text{N/cm}^2 \right)$$

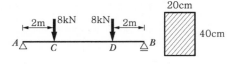

정답

$$M = 8 \times 2 = 16\text{kNm}$$

$$\sigma = \frac{6M}{bh^2} = \frac{6 \times 16 \times 10^5}{20 \times 40 \times 40} = 300\text{N/cm}^2$$

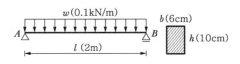

정답

$$M = \frac{wl^2}{8}$$

$$\left(M = \frac{0.1 \times 2 \times 2}{8} = 0.05\text{kNm} \right)$$

$$\sigma = \frac{6M}{bh^2} = \frac{6wl^2}{8bh^2} = \frac{3wl^2}{4bh^2}$$

$$\left(\sigma = \frac{6M}{bh^2} = \frac{6 \times 5,000}{6 \times 10 \times 10} = 50\text{N/cm}^2 \right)$$

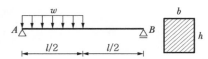

정답

$$M = \frac{3}{8}wl \times \frac{3}{8}l \times \frac{1}{2} = \frac{9wl^2}{128}$$

$$\sigma = \frac{6M}{bh^2} = \frac{6 \times 9wl^2}{128bh^2} = \frac{27wl^2}{64bh^2}$$

예문 20 전단력 S를 받는 직사각형 단면에서 $A-A$ 단면에 발생하는 전단응력은?

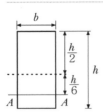

정답 1) $G = b \cdot \left(\dfrac{h}{2} - \dfrac{h}{6} \right) \cdot \left(\dfrac{h}{2} - \dfrac{h}{3} \cdot \dfrac{1}{2} \right) = \dfrac{bh^2}{9}$

2) $I = \dfrac{bh^3}{12}$

3) $\tau_{A-A} = \dfrac{SG}{Ib} = \dfrac{S\dfrac{bh^2}{9}}{\dfrac{bh^3}{12} \cdot b} = \dfrac{4}{3} \dfrac{S}{bh}$

예문 21 다음 단면에서 직사각형 단면의 최대 전단응력도는 원형 단면의 몇 배인가?(단, 두 단면적과 작용하는 전단력의 크기는 같다.)

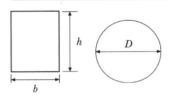

정답 1) 직사각형 단면의 최대 전단응력

$$\tau_{\max} = \dfrac{3}{2} \cdot \dfrac{S_{\max}}{A}$$

2) 원형 단면의 최대 전단응력

$$\tau_{\max} = \dfrac{4}{3} \cdot \dfrac{S_{\max}}{A}$$

3) $\dfrac{\text{직사각형}\ \tau_{\max}}{\text{원형}\ \tau_{\max}} = \dfrac{\dfrac{3}{2}}{\dfrac{4}{3}} = \dfrac{9}{8}$

예문 22 직사각형 도형의 최대 전단응력도($\tau_{\max}$)와 평균 전단응력도(τ_{ave}) 사이의 관계식을 쓰시오.(단, A는 단면적, S는 전단력이다.)

정답 1) 직사각형 단면 : $\alpha = \dfrac{3}{2}$

2) 삼각형 단면 : $\alpha = \dfrac{3}{2}$

3) 원형 단면 : $\alpha = \dfrac{4}{3}$

공식

$$\tau_{\max} = \alpha \cdot \tau_{\text{ave}} = \alpha \dfrac{S_{\max}}{A}$$

예문 23 다음 그림과 같이 I형 단면의 보에 일어나는 전단응력의 분포 모양은?

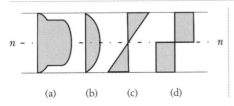

n ----- n

(a)   (b)   (c)   (d)

정답 (a)

예문 24 그림과 같은 보에서 CD구간의 곡률반경은 얼마인가?(단, 휨강성 $EI = 4,800\text{kN} \cdot \text{m}^2$이다.)

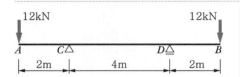

정답 $M = 12 \times 2 = 24\text{kNm}$

$$\rho = \frac{EI}{M} = \frac{4,800}{24} = 200\text{m}$$

예문 25 강선을 그림과 같이 휘게 할 때 최대 휨응력도는?(단, E는 강선의 탄성계수 d는 강선의 직경이다.)

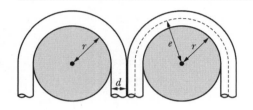

정답

$$\rho = r + y = r + \frac{d}{2} \qquad y = \frac{d}{2}$$

$$\therefore \sigma = \frac{E \cdot y}{\rho} = \frac{E \cdot \dfrac{d}{2}}{r + \dfrac{d}{2}} = \frac{E \cdot d}{2r + d}$$

예문 26 2mm×6mm×314mm 강판의 한 끝을 벽에 닿게 하는 데 필요한 단모멘트의 크기는? (단, $E = 200\text{GPa}$)

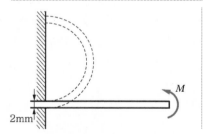

정답 반원호의 길이 : $\pi R = 0.314\text{m}$

$$R = \frac{0.314\text{m}}{\pi} = 0.1\text{m}$$

곡률반경 : $R = \dfrac{EI}{R}$

$$M = \frac{EI}{R} = \frac{200 \times 10^9 \times 0.006 \times 0.002^3}{12 \times 0.1}$$

예문 27 I형강이 200×100×7 단면에 웨브(Web) 방향으로 8kN의 전단력이 작용할 때 단면 내에 생기는 최대 전단응력의 값에 가장 가까운 것은?

정답 I형강의 최대 전단응력도

$$\therefore \tau_{\text{max}}(\text{최대 전단응력도}) = \frac{BH^2 - h^2}{(BH^3 - bh^3) \cdot (B - b)} \times \frac{3S}{2} \fallingdotseq \frac{S}{0.85 \times t \times H}$$

$$\begin{cases} t = 0.7\text{cm} \\ H = 20\text{cm} \\ S = 8,000\text{N} \end{cases}$$

$$\therefore \tau_{\text{max}} = \frac{8,000}{0.85 \times 0.7 \times 20} = 672.27\text{N/cm}^2$$

예문 28 그림과 같은 보에서 최대 전단응력도는?

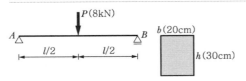

정답

$$S = \frac{P}{2} \left(S = \frac{8}{2} = 4\text{kN} \right)$$

$$\tau = \frac{3}{2} \cdot \frac{S}{bh} = \frac{3P}{4bh}$$

$$\left(\tau = \frac{3}{2} \cdot \frac{S}{bh} = \frac{3}{2} \cdot \frac{4,000}{20 \times 30} = 10\text{N/cm}^2 \right)$$

정답

$$S = \frac{wl}{2} \left(S = \frac{2 \times 8}{2} = 8\text{kN} \right)$$

$$\tau = \frac{3}{2} \cdot \frac{S}{bh} = \frac{3wl}{4bh}$$

$$\left(\tau = \frac{3}{2} \cdot \frac{S}{bh} = \frac{3}{2} \cdot \frac{8,000}{20 \times 40} = 15\text{N/cm}^2 \right)$$

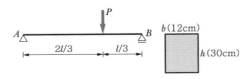

정답

$$S_{\max} = \frac{2}{3}P \left(S = \frac{2}{3} \times 9 = 6\text{kN} \right)$$

$$\tau = \frac{3}{2} \cdot \frac{S}{bh} = \frac{P}{bh}$$

$$\left(\tau = \frac{3}{2} \cdot \frac{S}{bh} = \frac{3}{2} \cdot \frac{6,000}{12 \times 30} = 25\text{N/cm}^2 \right)$$

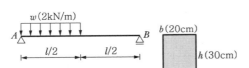

정답

$$S_{\max} = \frac{3}{8}wl \left(S = \frac{3}{8} \times 2 \times 8 = 6\text{kN} \right)$$

$$\tau = \frac{3}{2} \cdot \frac{S}{bh} = \frac{9wl}{16bh}$$

$$\left(\tau = \frac{3}{2} \cdot \frac{S}{bh} = \frac{3}{2} \cdot \frac{6,000}{20 \times 30} = 15\text{N/cm}^2 \right)$$

예문 29 허용 휨응력 $\sigma_a = 90\text{N/cm}^2$ 일 때 20×30cm 의 직사각형 단면이 받을 수 있는 최대 휨모멘트는?

정답 $\sigma_a = \dfrac{M}{Z} \rightarrow M = \sigma \cdot Z = \sigma \dfrac{bh^2}{6} = 90 \times \dfrac{20 \times 30 \times 30}{6} = 270,000\text{N} \cdot \text{m}$

예문 30 철골조 ⊏형 단면의 보에서 비틀림이 생기지 않고 휨변형만 유발하는 외력의 작용위치는?

정답 전단중심

보에 외력이 작용하여 휨 상태만을 유지하려면 하중은 전단응력의 합력이 통과하는 위치에 작용해야
하며 이를 전단중심이라고 한다.

예문 31 허용 전단응력이 $\tau_a = 10\text{N/cm}^2$일 때 직사각형 단면보가 받을 수 있는 최대 집중하중 P의 크기는?

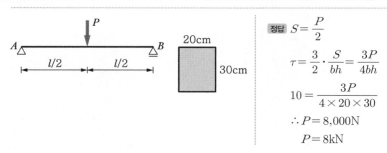

정답 $S = \dfrac{P}{2}$

$\tau = \dfrac{3}{2} \cdot \dfrac{S}{bh} = \dfrac{3P}{4bh}$

$10 = \dfrac{3P}{4 \times 20 \times 30}$

$\therefore P = 8,000\text{N}$

$P = 8\text{kN}$

예문 32 그림과 같은 보에서 전단력에 안전하도록 하기 위한 지간 l은 얼마인가?(단, 최대 전단응력도는 12N/cm²이다.)

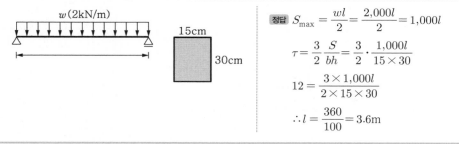

정답 $S_{max} = \dfrac{wl}{2} = \dfrac{2,000l}{2} = 1,000l$

$\tau = \dfrac{3}{2}\dfrac{S}{bh} = \dfrac{3}{2} \cdot \dfrac{1,000l}{15 \times 30}$

$12 = \dfrac{3 \times 1,000l}{2 \times 15 \times 30}$

$\therefore l = \dfrac{360}{100} = 3.6\text{m}$

예문 33 폭 100mm, 높이 200mm인 직사각형 단면의 단순보가 10kN/m의 등분포하중을 받을 때, 이 보의 단면에 생기는 최대 전단응력은?

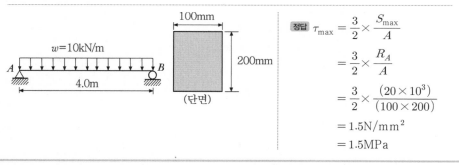

정답 $\tau_{max} = \dfrac{3}{2} \times \dfrac{S_{max}}{A}$

$= \dfrac{3}{2} \times \dfrac{R_A}{A}$

$= \dfrac{3}{2} \times \dfrac{(20 \times 10^3)}{(100 \times 200)}$

$= 1.5\text{N/mm}^2$

$= 1.5\text{MPa}$

예문 34 비대칭 혹은 대칭 단면에서 전단중심(Shear Center ; SC)의 위치를 표시하시오

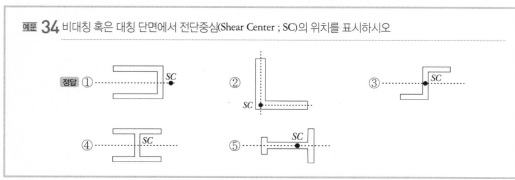

예문 35 그림과 같은 직사각형 보에 등분포하중이 작용 시 최대 휨응력도와 최대 전단응력도의 비는?

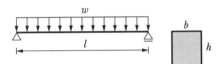

정답 $S = \dfrac{wl}{2}$, $M = \dfrac{wl^2}{8}$

$$\sigma_{max} = \frac{6M}{bh^2} = \frac{6wl^2}{8bh^2} = \frac{3wl^2}{4bh^2}$$

$$\tau_{max} = \frac{3S}{2bh} = \frac{3wl}{4bh}$$

$$\frac{\sigma_{max}}{\tau_{max}} = \frac{\dfrac{3wl^2}{4bh^2}}{\dfrac{3wl}{4bh}} = \frac{l}{h}$$

$$\therefore \sigma_{max} = \frac{l}{h}\tau_{max}$$

$$\therefore \tau_{max} = \frac{h}{l}\sigma_{max}$$

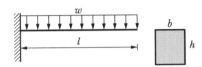

정답 $S = wl$, $M = \dfrac{wl^2}{2}$

$$\sigma_{max} = \frac{6M}{bh^2} = \frac{6wl^2}{2bh^2} = \frac{3wl^2}{bh^2}$$

$$\tau_{max} = \frac{3S}{2bh} = \frac{3wl}{2bh}$$

$$\frac{\sigma_{max}}{\tau_{max}} = \frac{\dfrac{3wl^2}{bh^2}}{\dfrac{3wl}{2bh}} = \frac{2l}{h}$$

$$\therefore \sigma_{max} = \frac{2l}{h}\tau_{max}$$

$$\therefore \tau_{max} = \frac{h}{2l}\sigma_{max}$$

예문 36 그림과 같은 목재 단순보에서 단면에 생기는 최대 전단응력도(N/cm^2)의 값은?

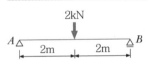

정답 1) $R_A = 1kN$

2) $\tau_{max} = k \cdot \dfrac{S}{A} = \dfrac{3}{2} \times \dfrac{1,000}{20 \times 30} = 2.5 N/cm^2$

예문 37 그림과 같은 보에서 최대 전단응력도는?

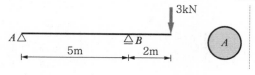

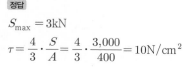

정답

$S_{max} = 3\text{kN}$

$\tau = \dfrac{4}{3} \cdot \dfrac{S}{A} = \dfrac{4}{3} \cdot \dfrac{3,000}{400} = 10\text{N/cm}^2$

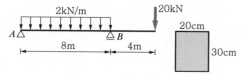

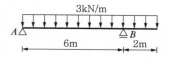

정답

$R_B = \dfrac{2 \times 8 \times 4 + 20 \times 12}{8} = 38\text{kN}$

$S_B(\text{우}) = 20\text{kN}$

$S_B(\text{좌}) = 20 - R_B = 20 - 38 = -18\text{kN}$

$\therefore S_{max} = 20\text{kN}$

$\tau = \dfrac{3}{2} \dfrac{S}{bh} = \dfrac{3}{2} \cdot \dfrac{20,000}{20 \times 30} = 50\text{N/cm}^2$

정답

$R_B = \dfrac{3 \times 8 \times 4}{6} = 16\text{kN}$

$S_B(\text{우}) = 3 \times 2 = 6\text{kN}$

$S_B(\text{좌}) = 6 - R_B = 6 - 16 = -10\text{kN}$

$\therefore S_{max} = 10\text{kN}$

$\tau = \dfrac{3}{2} \dfrac{S}{bh} = \dfrac{3}{2} \cdot \dfrac{10,000}{20 \times 30} = 25\text{N/cm}^2$

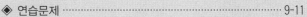

Structural Mechanics ● ● ●

09

기 둥

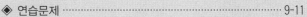

contents

09 기둥

1. 기본 이론

1) 기둥의 구분

① 단주 : 압축하중으로 인한 응력이 항복응력에 도달하는 순간 압축파괴가 일어나는 기둥

압축파괴강도 : 강재는 항복응력, 콘크리트는 압축강도

② 장주 : 세장비가 큰 기둥에서 압축력을 받을 때, 압축응력이 비례한도 이하에서도 탄성좌굴을 일으켜 파괴되는 기둥

③ 중간주 : 탄성적 안정성은 매우 작고 강도 자체는 매우 큰 중간세장비 영역에 드는 기둥으로 비탄성좌굴로 파괴된다.

2) 세장비 :

$$\lambda = \frac{k \cdot l}{r} = \frac{기둥유효길이(좌굴길이)}{최소 \ 단면 \ 2차 \ 반지름(최소 \ 회전반경)}$$

직사각형 단면$(b > h)$: $\lambda = 2\sqrt{3}\,\dfrac{l}{b} = \dfrac{l}{0.28b}$

원형 단면 : $\lambda = 4\dfrac{l}{d} = \dfrac{l}{0.25d}$

삼각형 단면 : $\lambda = 3\sqrt{2}\,\dfrac{l}{h} = \dfrac{l}{0.23h}$

3) 단주

① 중심축 하중만 받는 단주 : 평균 압축응력만 일어난다.

$$\sigma_c = -\frac{P}{A} \leqq \sigma_{ca} \rightarrow A \geqq \frac{P}{\sigma_{ca}}$$

여기서 σ_c : 평균압축응력, σ_{ca} : 허용압축응력

② 단편심축 하중을 받는 단주 : 평균압축응력과 굽힘응력이 일어난다.

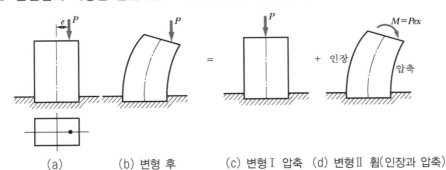

(a)　　　　(b) 변형 후　　　(c) 변형Ⅰ 압축　(d) 변형Ⅱ 휨(인장과 압축)

조합응력 : $\sigma = -\dfrac{P}{A} \pm \dfrac{M}{I_y}x = -\dfrac{P}{A} \pm \dfrac{M}{Z_y} = -\dfrac{P}{A} \pm \dfrac{Pe_x}{Z_y}$

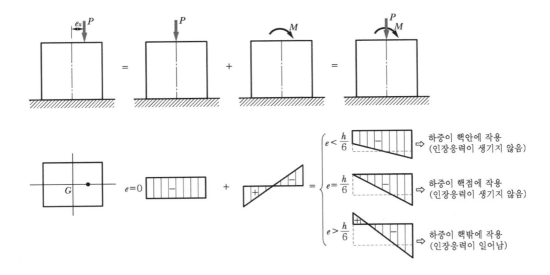

(a) 직사각형 단면 : $Z = \dfrac{b^2 h}{6} = \dfrac{Ab}{6}$

$\sigma = -\dfrac{P}{A} \pm \dfrac{Pe_x}{Z_y} = -\dfrac{P}{A} \pm \dfrac{6Pe_x}{Ab}$

$\therefore \sigma = -\dfrac{P}{A}\left(1 \pm \dfrac{6e_x}{b}\right)$

$\begin{cases} \sigma_{\max} = -\dfrac{P}{A}\left(1 + \dfrac{6e_x}{b}\right) \\ \sigma_{\min} = -\dfrac{P}{A}\left(1 - \dfrac{6e_x}{b}\right) \end{cases}$

(b) 원형 단면 : $Z = \dfrac{\pi D^3}{32} = \dfrac{\pi D^2}{4} \cdot \dfrac{D}{8} = \dfrac{AD}{8}$

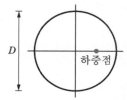

$\sigma = -\dfrac{P}{A} \pm \dfrac{Pe}{Z} = -\dfrac{P}{A} \pm \dfrac{8Pe}{Ah}$

$\therefore \sigma = -\dfrac{P}{A}\left(1 \pm \dfrac{8e}{h}\right)$

$\begin{cases} \sigma_{\max} = -\dfrac{P}{A}\left(1 + \dfrac{8e}{D}\right) \\ \sigma_{\min} = -\dfrac{P}{A}\left(1 - \dfrac{8e}{D}\right) \end{cases}$

$\begin{cases} e = \dfrac{h}{6} \text{ 일 때 : } \sigma_{\max} = -\dfrac{P}{A}\left(1 + \dfrac{6\frac{h}{6}}{h}\right) = -\dfrac{2P}{A}, \ \sigma_{\min} = 0 \\ e = \dfrac{D}{8} \text{ 일 때 : } \sigma_{\max} = -\dfrac{P}{A}\left(1 + \dfrac{8\frac{D}{8}}{D}\right) = -\dfrac{2P}{A}, \ \sigma_{\min} = 0 \end{cases}$

(c) 삼각형 단면

이등변 삼각형 단면을 갖는 단주의 최대 압축응력

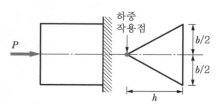

$\sigma_{\max} = -\dfrac{P}{A} - \dfrac{Pe}{I}y$

$= -\dfrac{2P}{bh} - \dfrac{36P}{bh^3} \cdot \dfrac{2h}{3} \cdot \dfrac{2h}{3}$

$= -\dfrac{2P}{bh} - \dfrac{16P}{bh} = -\dfrac{18P}{bh}$

③ 복편심축 하중을 받는 단주

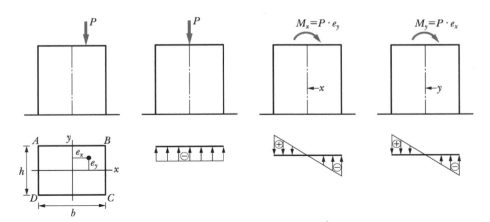

조합응력

$$\sigma = -\frac{P}{A} \pm \frac{M_x}{I_x}y \pm \frac{M_y}{I_y}x = -\frac{P}{A} \pm \frac{P \cdot e_y}{Z_x} \pm \frac{P \cdot e_x}{Z_y} = \boxed{-\frac{P}{A}\left(1 \pm \frac{6e_y}{h} \pm \frac{6e_x}{b}\right)}$$

④ 단면의 A, B, C, D점의 응력도 : (집게 원리 적용)

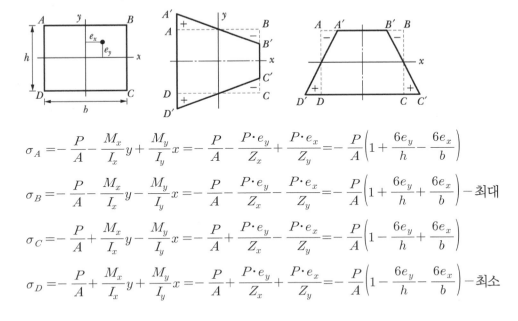

$$\sigma_A = -\frac{P}{A} - \frac{M_x}{I_x}y + \frac{M_y}{I_y}x = -\frac{P}{A} - \frac{P \cdot e_y}{Z_x} + \frac{P \cdot e_x}{Z_y} = -\frac{P}{A}\left(1 + \frac{6e_y}{h} - \frac{6e_x}{b}\right)$$

$$\sigma_B = -\frac{P}{A} - \frac{M_x}{I_x}y - \frac{M_y}{I_y}x = -\frac{P}{A} - \frac{P \cdot e_y}{Z_x} - \frac{P \cdot e_x}{Z_y} = -\frac{P}{A}\left(1 + \frac{6e_y}{h} + \frac{6e_x}{b}\right) - 최대$$

$$\sigma_C = -\frac{P}{A} + \frac{M_x}{I_x}y - \frac{M_y}{I_y}x = -\frac{P}{A} + \frac{P \cdot e_y}{Z_x} - \frac{P \cdot e_x}{Z_y} = -\frac{P}{A}\left(1 - \frac{6e_y}{h} + \frac{6e_x}{b}\right)$$

$$\sigma_D = -\frac{P}{A} + \frac{M_x}{I_x}y + \frac{M_y}{I_y}x = -\frac{P}{A} + \frac{P \cdot e_y}{Z_x} + \frac{P \cdot e_x}{Z_y} = -\frac{P}{A}\left(1 - \frac{6e_y}{h} - \frac{6e_x}{b}\right) - 최소$$

⑤ 단면의 핵, 핵점

편심하중을 받을 때 단면의 어느 곳에서도 인장응력이 발생하지 않는 하중 재하의 범위를 단면의 핵이라 하며, 그 한계점을 핵점이라 한다.

(a) 핵거리(핵반경)

단면의 도심으로부터 핵점까지의 거리 즉, 인장응력이 생기지 않는 한계편심거리

$$\sigma_{AD} = -\frac{P}{A} + \frac{M_y}{I_y}x = -\frac{P}{A} + \frac{P \cdot k_x}{I_y}x = 0$$

$$\frac{P \cdot k_x}{I_y}x = \frac{P}{A} \rightarrow \therefore \boxed{k_x = \frac{I_y}{A \cdot x} = \frac{Z_y}{A}}$$

$$\sigma_{BC} = -\frac{P}{A} + \frac{M_x}{I_x}y = -\frac{P}{A} + \frac{P \cdot k_y}{I_x}y = 0$$

$$\frac{P \cdot k_y}{I_x}y = \frac{P}{A} \rightarrow \therefore \boxed{k_x = \frac{I_x}{A \cdot y} = \frac{Z_x}{A}}$$

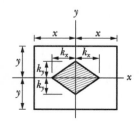

* ㉠ 핵거는 단면 2차 모멘트를 단면적과 단면의 중심에서 가장자리까지의 거리로 나눈 값

㉡ 핵거는 반대측의 단면계수를 단면적으로 나눈 값

(b) 각종 단면의 핵

㉠ 구형 단면

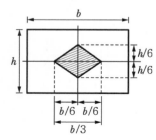

$$\sigma = -\frac{P}{A} + \frac{Pe_x}{I_y}x = 0$$

$$\frac{Pe_x}{I_y}x = \frac{P}{A}$$

$$\therefore \boxed{e_x = \frac{I_y}{A \cdot x} = \frac{Z_y}{A}}$$

• 핵거리 : $e = \frac{Z}{A}y = \frac{\dfrac{b^2h}{6}}{bh} = \frac{b}{6}$

• 핵면적 : $A' = 2\left(\frac{b}{6} \times \frac{h}{3} \times \frac{1}{2}\right) = \frac{bh}{18}$

ⓛ 원형 단면

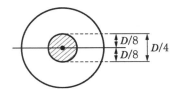

- 핵거리 : $e = \dfrac{Z}{A} = \dfrac{\dfrac{\pi D^3}{32}}{\dfrac{\pi D^2}{4}} = \boxed{\dfrac{D}{8}}$

- 핵면적 : $A' = \dfrac{\pi}{4}\left(\dfrac{D}{4}\right)^2 = \boxed{\dfrac{\pi D^2}{64}}$

ⓒ 삼각형 단면

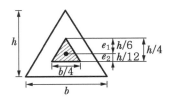

- 핵거리 : $e_1 = \dfrac{Z_2}{A} = \dfrac{\dfrac{bh^2}{12}}{\dfrac{bh^2}{2}} = \boxed{\dfrac{h}{6}}$

$e_2 = \dfrac{Z_1}{A} = \dfrac{\dfrac{bh^2}{24}}{\dfrac{bh^2}{2}} = \boxed{\dfrac{h}{12}}$

- 핵면적 : $\boxed{A' = \dfrac{b}{4} \cdot \dfrac{h}{4} \cdot \dfrac{1}{2} = \dfrac{bh}{32}}$

ⓔ 정육각형 단면

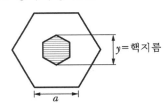

- $y = 2\dfrac{Z}{A}$

$= 2\dfrac{5\sqrt{3}\,a^4}{16} \times \dfrac{2}{\sqrt{3} \cdot a} \times \dfrac{2}{3\sqrt{3} \cdot a^2}$

$\therefore y = \dfrac{5\sqrt{3} \cdot a}{18}$

ⓜ 중공 단면(원통)

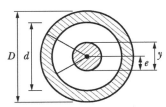

- 핵거리(핵반경)

$e = \dfrac{Z}{A} = \dfrac{D^2 + d^2}{8D} = \dfrac{R^2 + r^2}{4R}$

- 핵지름 : $y = \dfrac{D^2 + d^2}{4D} = \dfrac{R^2 + r^2}{2R}$

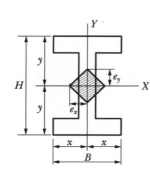

- 핵거리 : $e_x = \dfrac{I_y}{A \cdot x} = \dfrac{I_y}{A \cdot \dfrac{B}{2}}$

  또는 $x = \dfrac{r_y^2 \cdot A}{A \cdot x} = \dfrac{r_y^2}{x} = \dfrac{r_y^2}{\dfrac{B}{2}}$

  $e_y = \dfrac{I_x}{A \cdot y} = \dfrac{I_x}{A \cdot \dfrac{H}{2}}$

  또는 $e_y = \dfrac{r_x^2 \cdot A}{A \cdot y} = \dfrac{r_x^2}{y} = \dfrac{r_x^2}{\dfrac{H}{2}}$

⑥ 단면 중립축의 이동거리와 방향

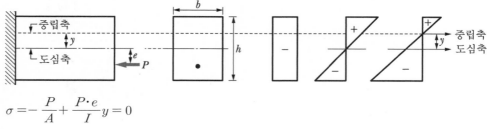

$$\sigma = -\frac{P}{A} + \frac{P \cdot e}{I} y = 0$$

$$\frac{P \cdot e}{I} y = \frac{P}{A}$$

$\therefore \ y = \dfrac{I_X}{A \cdot e_X}$ —
  - 직사각형단면 : $y = \dfrac{\dfrac{bh^3}{12}}{bh \cdot e} = \dfrac{h^2}{12 \cdot e}$
  - 원형단면 : $y = \dfrac{\dfrac{\pi D^4}{64}}{\dfrac{\pi D^2}{4} e} = \dfrac{D^2}{16 \cdot e}$

4) 장주

① 좌굴방향

단면 2차 모멘트가 최대인 축의 방향(최대 주축과 같은 방향)

단면 2차 모멘트가 최소인 축과 직각방향(최소 주축과 직각 방향)

> 좌굴축 : 단면 2차 모멘트가 최소인 축

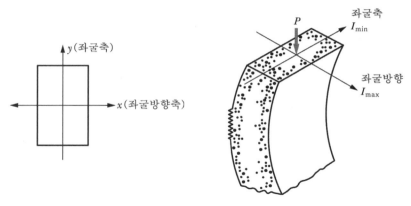

$I_x > I_y$이므로 y축을 중심으로 하여 x축 방향으로 좌굴

② 장주의 종류

구분	일단고정타단 자유	양단힌지	일단고정타단 힌지	양단고정	일단고정타단 이동단	일단힌지타단 이동단
양단지지상태 (•은 변곡점)	l ~ $2l$	l	l ~ $0.7l$	l ~ $0.5l$	l ~ l	l ~ $2l$
좌굴길이(kl)	$2l$	l	$0.7l$	$0.5l$	l	$2l$
구속계수(n)	$\dfrac{1}{2^2}=\dfrac{1}{4}$	1	$\dfrac{1}{(0.7)^2}\fallingdotseq 2$	$\dfrac{1}{(0.5)^2}=4$	1	$\dfrac{1}{4}$
좌굴하중(P_{cr})	$\dfrac{\pi^2 EI}{4l^2}$	$\dfrac{\pi^2 EI}{l^2}$	$\dfrac{2\pi^2 EI}{l^2}$	$\dfrac{4\pi^2 EI}{l^2}$	$\dfrac{\pi^2 EI}{l^2}$	$\dfrac{\pi^2 EI}{4l^2}$

③ 오일러(Euler) 장주공식

$\begin{cases} \text{세장비가 100보다 큰 범위에서 적용된다.} \\ \text{탄성이론으로 공식을 유도했다.} \end{cases}$

• 좌굴하중(임계하중)

$$P_{cr} = \frac{n\pi^2 EI}{l^2} = \frac{n\pi^2 EA}{\left(\dfrac{l}{r}\right)^2} = \boxed{\frac{n\pi^2 EA}{\lambda^2}}$$

또는

$$P_{cr} = \frac{n\pi^2 EI}{l^2} = \frac{\pi^2 EI}{(kl)^2} = \frac{\pi^2 EA}{\left(\dfrac{kl}{r}\right)^2} = \boxed{\frac{\pi^2 EA}{\lambda^2}}$$

- 좌굴응력(임계응력)

$$\sigma_{cr} = \frac{P_{cr}}{A} = \frac{n\pi^2 EI}{A \cdot l^2} = \frac{n\pi^2 E}{\left(\frac{l}{r}\right)^2} = \boxed{\frac{n\pi^2 E}{\lambda^2}}$$

$l_k = kl$: 유효길이, 좌굴길이, 변곡점 간 길이

양단 힌지 기둥을 기준 1로 했을 때 장주 계산에 필요한 이론상(역학상) 길이

여기서 n : 양단 지지상태에 따른 좌굴계수 = 강도계수 = 구속계수

$n = \dfrac{1}{k^2}$, k : 유효길이 계수, 좌굴길이 계수

참고 동일 단면적에 대한 도심축의 단면 2차 모멘트의 큰 순서는?

① 삼각형

$$I = \frac{\sqrt{3}}{96}b^4, \quad A = \frac{1}{2}\left(b \cdot \frac{\sqrt{3}}{2}b\right) = \frac{\sqrt{3}}{4}b^2$$
$$= 0.018b^4$$

② 정사각형

$$I = \frac{a^4}{12}, \quad a^2 = \frac{\sqrt{3}}{4}b^2 = \frac{1}{12}\left(\frac{\sqrt{3}}{4}b^2\right)^2 = \frac{b^4}{64}$$
$$= 0.016b^4$$

③ 정육각형

$$I = \frac{5\sqrt{3}}{16}d^4 \qquad\qquad A = 6\left(\frac{\sqrt{3}}{4}d^2\right) = \frac{3\sqrt{3}}{2}d^2$$
$$= \frac{5\sqrt{3}}{16}\left(\frac{b^2}{6}\right)^2 \qquad \frac{3\sqrt{3}}{2}d^2 = \frac{\sqrt{3}}{4}b^2$$
$$= \frac{5\sqrt{3}}{576}b^4 \qquad\qquad d^2 = \frac{b^2}{6}$$
$$= 0.015b^4$$

④ 원형

$$I = \frac{\pi r^4}{4} \qquad\qquad \pi r^2 = \frac{\sqrt{3}}{4}b^2$$
$$= \frac{\pi}{4}\left(\frac{\sqrt{3}}{4\pi}b^2\right)^2 \qquad r^2 = \frac{\sqrt{3}}{4\pi}b^2$$
$$= \frac{3b^4}{64\pi}$$
$$= 0.0149b^4$$

$\therefore I_{원} : I_{육} : I_{사} : I_{삼} = 1 : 1.007 : 1.047 : 1.209$

* I가 큰 순서는 각수가 적은 도형의 순서로 나타난다.

$I_{원} < I_{육} < I_{사} < I_{삼}$

일반적으로 中空단면은 中實단면보다 같은 면적에 대해 더 큰 관성모멘트(단면 2차 모멘트)를 갖는다.

예제 01 정사각형의 목재 기둥에서 길이가 4m라면 세장비가 200이 되기 위한 기둥 단면 한 변의 길이는?

정답 1) $I = \dfrac{a^4}{12}$

2) $r = \sqrt{\dfrac{I}{A}} = \sqrt{\dfrac{\dfrac{a^4}{12}}{a^2}} = \dfrac{a}{\sqrt{12}}$

3) $\lambda = \dfrac{400}{\dfrac{a}{\sqrt{12}}} = 200$

$a = \dfrac{400}{200} \times \sqrt{12} = 6.93\text{cm}$

예제 02 $P = 15\text{kN}$, $M = 1.125\text{kN·m}$ 를 받는 원형 기둥에 인장응력이 생기지 않는 최소 기둥 지름은?

정답 1) $M = P(\text{힘}) \times e(\text{거리}) \rightarrow e = \dfrac{M}{P} = \dfrac{1.125\text{kN·m}}{15\text{kN}} = 0.075\text{m}$

2) 원형 기둥에 인장응력이 생기지 않는 거리$(e) = \dfrac{D}{8}$

$\therefore D = e \times 8 = 0.075\text{m} \times 8 = 0.6\text{m} = 60\text{cm}$

예제 03 그림과 같은 편심축 하중을 받는 기둥의 최대 압축응력은?

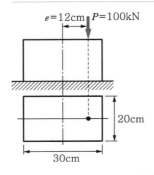

$e = 12\text{cm}$ $P = 100\text{kN}$

20cm

30cm

정답 $\sigma_{\max} = -\dfrac{P}{A}\left(1 + \dfrac{6e_x}{b}\right)$

$= -\dfrac{100{,}000}{20 \times 30}\left(1 + \dfrac{6 \times 12}{30}\right)$

$= 567\text{N/cm}^2$

예제 04 기초 저면이 2.5m 각인 독립기초가 축방향력 30kN(기초 자중포함), 휨모멘트 12kN·m를 받을 때 지반에 생기는 최대 압축응력도는?

정답 $\sigma_{\max} = \dfrac{P}{A} + \dfrac{M}{Z}$

$= \dfrac{30}{2.5 \times 2.5} + \dfrac{12}{\dfrac{2.5 \times 2.5^2}{6}} = 9.4\text{kN/m}^2$

예문 05 다음 그림과 같은 독립기초에서 중심하중 10kN, 휨모멘트 5kN·m 를 받는 기초의 일부 끝에 접지압이 0 이 되도록 하려면 기초의 너비 l 의 값은?

정답 1) $M = P \times e \rightarrow e = \dfrac{M}{P} = \dfrac{5}{10}$

$\qquad = 0.5\text{m} = 50\text{cm}$

2) $\therefore e = \dfrac{l}{6} \rightarrow l = e \times 6 = 50 \times 6 = 300\text{cm}$

예문 06 그림과 같은 단면을 갖는 길이 2m 기둥의 세장비는?

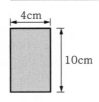

정답 $\lambda = 2\sqrt{3}\,\dfrac{200}{4} = 100\sqrt{3}$

$\therefore \lambda = 173$

예문 07 지름 d 인 원형 단면의 나무기둥에서 길이가 4m일 때 세장비가 100이 되도록 하기 위해 적당한 d 는?

정답 $\lambda = \dfrac{4 \times 400}{d} = 100$

$\therefore d = 16\text{cm}$

공식

> 원형 단면의 세장비 $\lambda = \dfrac{4l}{d}$

예문 08 다음 그림과 같은 직사각형 단면의 짧은 기둥에 15kN의 하중이 작용할 경우 부재에 생기는 최대 응력과 최소 응력의 비는 얼마인가?

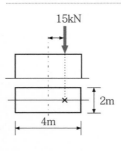

정답 $\dfrac{-\sigma_{\max}}{\sigma_{\max}} = \dfrac{-(6e_x + b)}{6e_x - b}$

$\qquad = \dfrac{-(6 \times 1 + 4)}{6 \times 1 - 4} = \dfrac{-10}{2} = -5$

예문 09 기초 설계에서 장기 50kN(자중포함)의 하중을 받을 경우 장기 허용지내력도 10kN/m^2 의 지반에서 적당한 기초판의 크기는?

정답 1) $\therefore A = \dfrac{P}{\rho} = \dfrac{50}{10} = 5\text{m}^2$

2) $A = a^2 \qquad 5 = a^2 \qquad a = 2.3\text{m}$

예문 10 축압축력 $N = 100\text{kN}$, 휨모멘트 $M = 5\text{kN} \cdot \text{m}$ 가 50cm×50cm 기둥 단면에 작용할 때 단면의 최대 및 최소 응력도는?

정답 1) $\sigma_{\max} = \dfrac{P}{A} + \dfrac{M}{\left(Z = \dfrac{b^2 h}{6}\right)} = \dfrac{100 \times 10^3}{50 \times 50} + \dfrac{5 \times 10^5}{\dfrac{50 \times 50^2}{6}} = 64\text{N/cm}^2$

2) $\sigma_{\max} = \dfrac{P}{A} - \dfrac{M}{Z} = \dfrac{100 \times 10^3}{50 \times 50} + \dfrac{5 \times 10^5}{\dfrac{50 \times 50^2}{6}} = 16\text{N/cm}^2$

예문 11 다음 그림과 같은 하중을 받는 기초에서 기초 지반면에 일어나는 최대 응력도는?

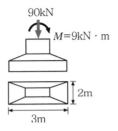

정답

최대응력도 $(\sigma_{\max}) = \dfrac{P}{A} - \dfrac{M}{Z} = \dfrac{P}{A} + \dfrac{M}{\dfrac{b^2 h}{6}}$

※ 보기에서 단위가 kN/m^2으로 주어졌기 때문에 별도의 단위 환산이 필요없이 바로 대입하면 된다.

$\sigma_{\max} = \dfrac{90}{2 \times 3} + \dfrac{9}{\dfrac{2 \times 3^2}{6}} = 18\text{kN/m}^2$

예문 12 단면 40cm×20cm인 단주에 축하중 P가 중심축에서 10cm에 작용하여 그림과 같은 응력이 나타났다면 작용하중의 크기는?

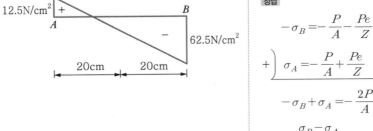

정답

$-\sigma_B = -\dfrac{P}{A} - \dfrac{Pe}{Z}$

$+) \quad \sigma_A = -\dfrac{P}{A} + \dfrac{Pe}{Z}$

$\overline{\quad -\sigma_B + \sigma_A = -\dfrac{2P}{A} \quad}$

$\therefore P = \dfrac{\sigma_B - \sigma_A}{2} \times A$

$= \dfrac{62.5 - 12.5}{2} \times 40 \times 20$

$= 20{,}000\text{N} = 20\text{kN}$

예문 13 다음 그림과 같은 단주에 편심하중 $P = 18N$이 작용할 때, 단면 내에 응력이 0인 위치는 A지점으로부터 얼마인가?

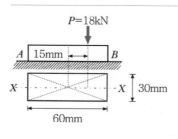

정답

$$\sigma = -\frac{P}{A} \pm \frac{6M}{bh^2}$$

$$= -\frac{18,000}{30 \times 60} \pm \frac{6 \times (18,000 \times 15)}{30 \times 60^2}$$

$$= -10 \pm 15$$

$$\therefore \sigma_{max} = -25N/mm^2 (압축)$$

$$\sigma_{min} = +5N/mm^2 (인장)$$

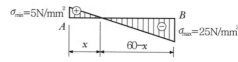

(비례식을 이용하면)

$$25 : (60 - x) = 5 : x$$

$$300 - 5x = 25x$$

$$\therefore x = \frac{300}{30} = 10mm$$

예문 14 직사각형 단면이 20cm×40cm인 기둥이 중심 하중 80kN, 모멘트(M_y) 4kN·m를 받는다면 부재 단면에 일어나는 최대 응력도는?

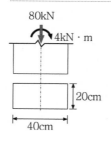

정답 $\sigma_{max} = \frac{P}{A} + \frac{M}{Z}$

$$= \frac{80 \times 10^3}{20 \times 40} + \frac{4 \times 10^5}{\frac{20 \times 40^2}{6}}$$

$$= 175kN/cm^2$$

예문 15 다음 그림과 같이 기둥 단면에 작용하는 최대 응력도의 크기는?

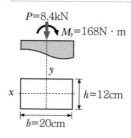

정답 $\sigma_{max} = \frac{P}{A} + \frac{M}{Z} = \frac{P}{A} + \frac{M}{\frac{b^2h}{6}}$

$$= \frac{8,400}{12 \times 20} + \frac{16,800}{\frac{12 \times 20^2}{6}} = 56N/cm^2$$

예문 16 단면이 균질한 탄성재료로 된 500mm×500mm의 정사각형 기둥에 압축력 1,000kN이 편심거리 20mm에 작용할 때 , 최대 압축 응력의 크기는?(단, 처짐에 의한 추가적인 휨모멘트 및 좌굴은 무시한다.)

정답 최대압축응력

$$= \frac{P}{A} + \frac{M}{Z} = \frac{1,000}{0.5 \times 0.5} + \frac{1,000 \times 0.02}{\frac{0.5 \times 0.5^2}{6}} = 4,000 + 960 = 4,960 \mathrm{kN/m}^2$$

예문 17 편심하중을 받는 단주에서 핵심(Core Section) 밖에 하중이 걸릴때 응력분포도를 작도하시오.

정답

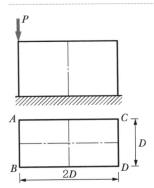

예문 18 그림과 같은 기둥의 B점에 생기는 응력도는?

정답 $\sigma_B = -\frac{P}{A}\left(1 + \frac{6e_y}{h} - \frac{6e_x}{b}\right)$

$$= -\frac{P}{20 \times D}\left(1 + \frac{6\frac{D}{2}}{D} - \frac{6 \cdot D}{2D}\right)$$

$$\therefore \sigma_B = -\frac{P}{2D^2} \text{ (압축)}$$

예문 19 그림과 같은 복편심을 받는 단주에서 A점의 응력은?

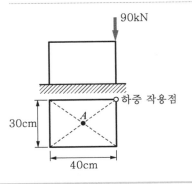

정답 $\sigma_A = -\frac{P}{A} = -\frac{90,000}{30 \times 40} = -75 \mathrm{N/cm}^2$

예문 20 그림과 같은 변단면 각주에서 저면의 최대 압축응력도는?

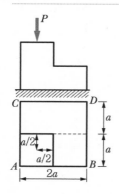

정답 $\sigma_{\max} = \sigma_A$, $A = 2a \times 2a = 4a^2$

$$\sigma_A = -\frac{P}{4a^2}\left(1 + \frac{6\dfrac{a}{2}}{2a} + \frac{6\dfrac{a}{2}}{2a}\right) = -\frac{P}{4a^2}(1 + 1.5 + 1.5)$$

$$\therefore \sigma_A = -\frac{P}{a^2}(\text{압축})$$

예문 21 직사각형의 전단면적과 핵면적의 비는?

정답 $A : A' = bh : \dfrac{bh}{18} = 18 : 1$

예문 22 원형 단면의 전단면적과 핵면적의 비는?

정답 $A : A' = \dfrac{\pi D^2}{4} : \dfrac{\pi D^2}{64} = 16 : 1$

예문 23 다음 그림과 같은 정방형 기둥의 핵거리 x의 값은 얼마인가?

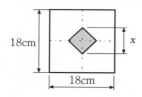

정답 $x = \dfrac{h}{3} = \dfrac{18}{3} = 6\text{cm}$

예문 24 그림과 같은 I형 강의 핵거리 e_x, e_y는?(단, $I_x = 9,500\text{cm}^4$, $I_y = 600\text{cm}^4$, $A = 61.58\text{cm}^2$이다.)

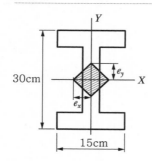

정답 $e_y = \dfrac{I_x}{A\left(\dfrac{H}{2}\right)} = \dfrac{9,500}{61.58 \times 15} = 10.25\text{cm}$

$$e_x = \dfrac{I_y}{A\left(\dfrac{B}{2}\right)} = \dfrac{600}{61.58 \times 7.5} = 1.3\text{cm}$$

예문 25 다음 그림과 같은 원에서 Core의 지름은?

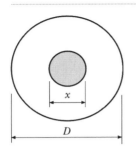

정답 $x = 2 \cdot \dfrac{D}{8} = \dfrac{D}{4}$

예문 26 $P=15\text{kN}$, $M=5\text{kN}\cdot\text{m}$ 를 받는 철근콘크리트 기초가 있다. 지면에서 받는 반력이 직선 분포한다고 가정하고, 기초 1단의 반력을 0이 되도록 하려면 기초 폭은 얼마로 하면 되는가?

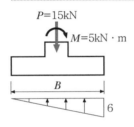

정답 1) $M = P \cdot e_x \rightarrow e_x = \dfrac{M}{P} = \dfrac{5}{15} = \dfrac{1}{3}\text{m}$

2) $e_x = \dfrac{h}{6} \rightarrow h = 6 \cdot e_x = 6 \times \dfrac{1}{3} = 2\text{m}$

예문 27 그림과 같은 단면을 가진 압축재에서 최소 단면 2차반경을 구하기 위한 좌굴축은?

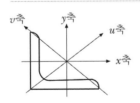

정답 v 축

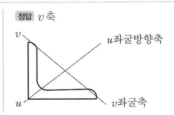

예문 28 편심축 하중을 받는 그림과 같은 기둥 단면의 중립축의 이동거리와 방향은?

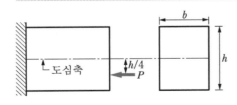

정답 $y = \dfrac{h^2}{12 \cdot e} = \dfrac{h^2}{12\left(\dfrac{h}{4}\right)} = \dfrac{h}{3}$

또는

$\dfrac{h^2}{12} = e(y) = \dfrac{h}{4}\left(\dfrac{h}{3}\right)$

∴ 도심축 위쪽으로 $\dfrac{h}{3}$ 만큼 이동

예문 **29** 그림과 같은 단주에서 응력이 0인 위치는 A점으로부터 얼마인가?

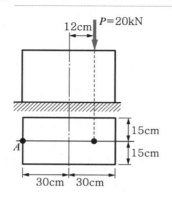

12cm $P=20kN$

15cm

15cm

A

30cm 30cm

정답 도심축으로부터 응력이 0이 되는 위치

$$y = \frac{h^2}{12e} = \frac{60 \times 60}{12 \times 12} = 25\text{cm}$$

A점으로부터 응력이 0이 되는 위치

$$x = 30 - 25 = 5\text{cm}$$

예문 **30** 다음 그림(a)의 장주가 4kN에 견딜 수 있다면, 그림(b)의 장주가 견딜 수 있는 하중은?

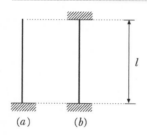

l

(a) (b)

정답 1) 좌굴하중은 기둥의 강도(n값)에 비례한다.

$$n_a : n_b = \frac{1}{4} : 4 = 1 : 16$$

2) $P_{(a)} : P_{(b)}$

$1 : 16$

$4\text{kN} : 64\text{kN}$

예문 **31** 장주의 좌굴 방향에 대한 설명은?

정답 최대 주축과 같은 방향
좌굴축 : 최소 주축
좌굴방향 : 최대 주축 방향(최소 주축과 직각 방향)

예문 **32** 철골구조에서 기둥 부재길이와 단부 지지조건에 의한 유효좌굴길이를 구하시오.

정답

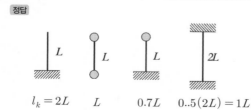

L

L

L

$2L$

$l_k = 2L$ L $0.7L$ $0..5(2L) = 1L$

예문 33 기둥 상단부와 하단부의 회전과 이동이 모두 구속되어 있을 경우 유효좌굴길이계수(k)의 이론값은?

정답 회전 이동이 구속되어 있는 지점

$$l_k = 0.5l$$

예문 34 다음과 같은 단부조건을 갖는 강구조 압축재에서 유효좌굴길이(kl)가 가장 긴 부재는?

보기

 회전구속
이동구속

 회전자유
이동구속

 회전구속
이동자유

회전자유
이동자유

정답

0.7l

l l l l

2l 1l 0.7l 0.5l

1) $l_k = 2l = 2(0.5l) = 1l$

2) $R = 4$

∴ $l_k = 1l = l$

3) $l_k = 0.7l = 0.7 \times 1.5l = 1.05l$

4) $l_k = 2l = 2 \times 0.7l = 1.4l$

예문 35 다음 그림과 같은 등질, 등단면 장주의 강도 크기를 서술하시오.

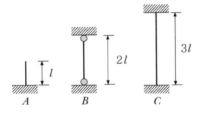

l

2l

3l

A B C

정답

1) $l_{KA} = 2l,\ l_{KB} = 2l,\ l_{KC} = 1.5l$

2) $l_{KA} = 1_{KB} < l_{KC}$

(∵ 동일 조건에서 좌굴길이가 작으면 강도가 크다.)

예문 36 다음 그림과 같은 장주의 좌굴길이를 구하시오.(단, 기둥의 재질과 단면 크기는 모두 같다.)

정답

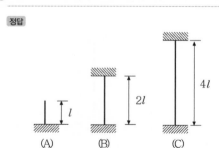

(A) $l_k = 2 \times l = 2l$,

(B) $l_k = 1 \times 2l = 2l$

(C) $l_k = 0.5 \times 4l = 2l$

∴ 좌굴길이는 (A), (B), (C) 모두 같다.

예문 37 기둥 A, B, C의 탄성좌굴하중의 비 $P_A : P_B : P_C$는?(단, 기둥 단면은 동일하며, 동일재료로 구성되고 유효좌굴길이 계수는 이론값으로 한다.)

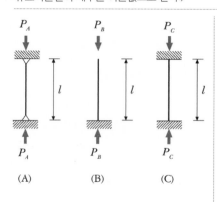

정답

$$P_{cr} = \frac{n\pi^2 EI}{l^2}$$

탄성좌굴하중의 비(P_{cr})은 n에 비례

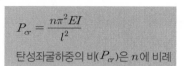

n :	1	:	$\frac{1}{4}$	:	4
	1	:	0.25	:	4

예문 38 중심축하중을 받는 강재기둥의 탄성좌굴하중 산정을 위해 필요한 사항을 서술하시오

① 유효좌굴길이
② 단면계수
③ 탄성계수
④ 단면2차모멘트

$$P_{CR} = \frac{n\pi^2 EI}{l^2} = \frac{\pi^2 EI}{l_k^2}$$

lk : 유효좌굴길이
E : 탄성계수
I : 단면2차모멘트

예문 39 다음 중 양단이 고정이고 높이가 3m인 H형강 기둥의 이론치 좌굴길이는?

정답 유효좌굴길이

$$l_k = 0.5l = 0.5 \times 3\text{m} = 1.5\text{m}$$

예문 40 다음 구형 단면 기둥의 세장비는?

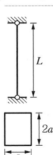

정답 $\lambda = 2\sqrt{3}\,\dfrac{L}{a}$

예문 41 그림과 같이 단면과 재질이 같은 장주의 강도가 큰 순서는?

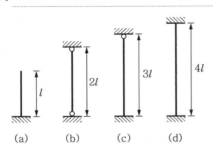

(a)　　(b)　　(c)　　(d)

정답 $n_{(a)} = \dfrac{1}{k^2} = \dfrac{1}{2^2} = \dfrac{1}{4} = 0.25$

$n_{(b)} = \dfrac{1}{k^2} = \dfrac{1}{(2 \times 1)^2} = \dfrac{1}{4} = 0.25$

$n_{(c)} = \dfrac{1}{k^2} = \dfrac{1}{\left(3 \times \dfrac{1}{\sqrt{2}}\right)^2} = \dfrac{1}{4.5} = 0.22$

$n_{(d)} = \dfrac{1}{k^2} = \dfrac{1}{\left(4 \times \dfrac{1}{2}\right)^2} = \dfrac{1}{4} = 0.25$

$\therefore a = b = d > c$

예문 42 수평이동이 제한된 기둥에서 양단부가 모두 고정단으로 되어 있고, 길이가 2m인 경우 세장비(KL/r) 값은?(단, 유효좌굴길이계수 K는 이론값을 사용하고, 단면적 $A = 100\text{mm}^2$, 단면 2차모멘트 $I = 10,000\text{mm}^4$이다.)

정답 $\lambda = \dfrac{l_k}{\gamma_{\min}}$

$l_k = 0.5L$

$= \dfrac{0.5L}{\sqrt{\dfrac{I}{A}}} = \dfrac{0.5 \times (2,000)}{\sqrt{\dfrac{10,000}{100}}} = \dfrac{1,000}{10} = 100$

예문 43 압축부재의 탄성좌굴하중 값에 영향을 미치는 요소를 서술하시오.

정답 $P_{cr} = \dfrac{\pi^2 EI}{l_k^2}$

예문 44 그림과 같은 기둥에서 좌굴하중의 크기는?

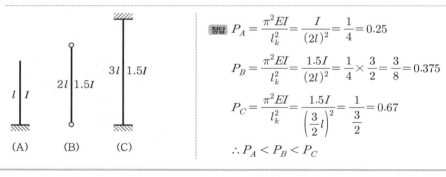

정답

$$P_A = \frac{\pi^2 EI}{l_k^2} = \frac{I}{(2l)^2} = \frac{1}{4} = 0.25$$

$$P_B = \frac{\pi^2 EI}{l_k^2} = \frac{1.5I}{(2l)^2} = \frac{1}{4} \times \frac{3}{2} = \frac{3}{8} = 0.375$$

$$P_C = \frac{\pi^2 EI}{l_k^2} = \frac{1.5I}{\left(\frac{3}{2}l\right)^2} = \frac{1}{\frac{3}{2}} = 0.67$$

$$\therefore P_A < P_B < P_C$$

예문 45 다음은 같은 장주에 중심축 하중이 작용하고 동일 재료, 같은 단면일 때 좌굴하중 비(a) : (b)를 구하면?

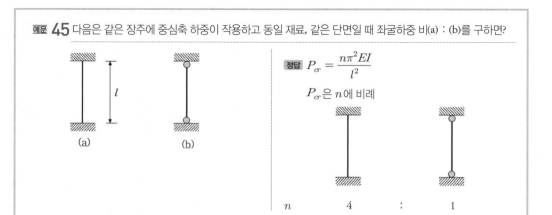

정답 $P_{cr} = \frac{n\pi^2 EI}{l^2}$

P_{cr}은 n에 비례

n	4	:	1

예문 46 그림과 같이 압축력을 받는 기둥의 오일러 좌굴하중에 가장 가까운 값[MN]은?(단, 압축부재의 휨강성 EI는 $1\mathrm{MN \cdot m^2}$으로 한다.)

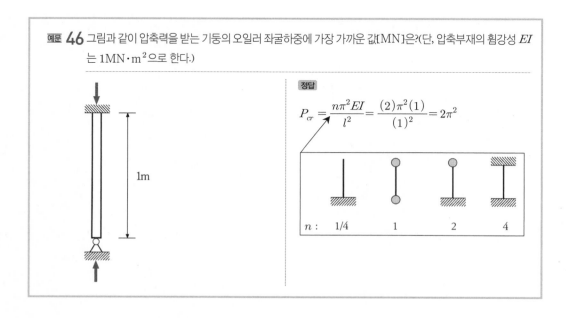

정답

$$P_{cr} = \frac{n\pi^2 EI}{l^2} = \frac{(2)\pi^2(1)}{(1)^2} = 2\pi^2$$

n :	1/4	1	2	4

예문 47 다음 그림과 같은 기둥의 단면이 15cm×15cm일 경우, 이 기둥의 오일러 좌굴하중으로 적당한 것은?(단, 탄성계수 $E = 8 \times 10^4 \mathrm{N/cm^2}$)

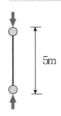

5m

정답
$$P_{cr} = \frac{\pi^2 EI}{(l_k)^2} = \frac{\pi^2 \times E \times \frac{bh^3}{12}}{(KL)^2}$$
$$= \frac{\pi^2 \times 8 \times 10^4 \times \frac{15 \times 15^3}{12}}{(1 \times 500)^2}$$
$$= 13{,}323\mathrm{N} = 13.3\mathrm{kN}$$

예문 48 강구조 압축재는 양단의 구속상태에 따라 탄성좌굴하중(P_{cr}) 값이 달라진다. 상단부와 하단부의 회전과 이동이 모두 구속되어 있는 압축재는 상단부와 하단부의 이동만 구속되어 있어 회전이 자유로운 기둥에 비해 탄성좌굴하중이 몇 배인가?

정답 $P_{cr} = \dfrac{n\pi^2 EI}{L^2} \qquad \dfrac{n\pi^2 EI}{L^2}$

$\qquad\qquad\quad 4 \quad : \quad 1$

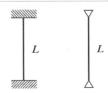

$L \qquad\qquad L$

예문 49 다음 그림과 같이 일단 자유, 타단 고정인 길이 L인 압축력을 받는 장주의 탄성좌굴하중(P_{CR}) 값은?

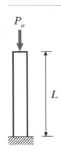

P_{cr}

L

정답
$$P_{cr} = \frac{\pi^2 EI}{l_k^2} = \frac{\pi^2 EI}{(2L)^2}$$
$$= \frac{\pi^2 EI}{4L^2}$$

예문 50 그림과 같은 구조용 강재의 단면 2차반경이 1cm일 때 세장비(λ)는?

5m

정답 $l_k = 0.5l = 0.5 \times 5\mathrm{m} = 2.5\mathrm{m}$
$$\therefore \lambda = \frac{l_k}{\gamma_{\min}} = \frac{250}{1} = 250$$

예문 51 양단 고정인 두 기둥에서 기둥(A)는 길이가 l 이고, 기둥(B)는 길이가 $2l$ 일 때 좌굴하중 비는? (단, 휨강성 EI는 일정하다.)

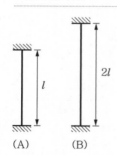

(A)   (B)

정답

$$P_A = \frac{\pi^2 EI}{\left(\frac{1}{2}l\right)^2} = \frac{4\pi^2 EI}{l^2} = 4$$

$$P_B = \frac{\pi^2 EI}{\left(\frac{1}{2} \times 2l\right)^2} = \frac{\pi^2 EI}{l^2} = 1$$

$$\therefore P_A : P_B = 4 : 1$$

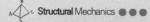
10

변 위

 Structural Mechanics

10 변 위(처짐, 처짐각)

1. 개 요

1) **탄성곡선(처짐곡선)** : 하중에 의해 변형된 곡선($AC'B'$)=처짐곡선

2) **변위** : 임의점 C의 이동량(CC')

3) **처짐** : 변위의 수직성분(CC'')

4) **처짐각** : 처짐곡선상의 1점에서 그은 접선이 변형 전의 보의 축과 이루는 각

5) **변형** : 구조물의 형태가 변하는 것

6) **부호의 약속**

① 처짐 : 하향↓(+) 상향↑(−)

② 처짐각 : 변형 전의 축을 기준으로 시계방향↻(+), 반시계반향↺(−)

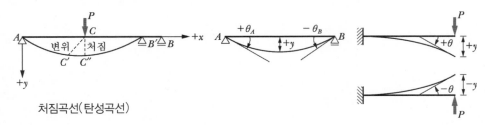

처짐곡선(탄성곡선)

처짐각 y라 하면 처짐각은

$$\frac{dy}{dx} = \tan\theta_x = \theta_x$$

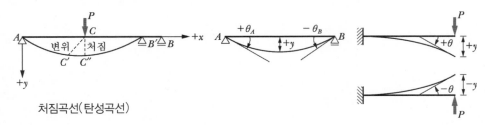

처짐각 θ_x

2. 변위를 구하는 해법

1) **탄성곡선식법(2중적분법, 미분방정식법)** → 보, 기둥에 적용 ─┐

2) **탄성하중법**(Mohr의 제 1**정리**) → 단순보, 라멘

3) **공액보법**(Mohr의 제 2**정리**) → 모든보, 라멘 ├─ 기하학적방법

4) **모멘트면적법**(Greene의 **정리**) → 보, 라멘의 집중하중 시

5) **중첩법(겹침법)** ─┘

6) **실제 일의 방법** → 보, 트러스(탄성변형, Energy 불변정리) ─┐

  집중하중이 한 개만 작용할 때 그 집중하중 작용점의 처짐만 구할 수 있다.

7) **가상 일의 방법(단위하중법)** → 모든 구조물에 적용 ├─ 에너지방법

8) Castigliano의 제 2**정리** → 모든 구조물에 적용 ─┘

9) **유한 차분법** ─┐

10) Rayleigh-Ritz**법** ─┘ ─ 수치해석법

3. 처짐을 구하는 목적과 원인

1) **처짐을 구하는 목적**

  ① 사용상의 문제
  ② 부정정구조물 해석 시에 이용

2) **처짐이 생기는 원인**

  휨모멘트, 축방향력, 전단력 같은 여러 종류의 내력에 의해 생긴다.

  ① 보, 라멘 : 휨모멘트만으로 계산
  ② 트러스 : 축방향력만으로 계산

4. 탄성하중법(Mohr의 정리)

1) **Mohr의 제 1정리** : 단순보의 경우

① 탄성하중 : 휨모멘트도의 면적을 휨강성 EI로 나눈 $\left(\dfrac{1}{EI}$ 배 한$\right)$ 것을 하중으로 가상할 때 이를 탄성하중이라 한다.

즉, $W = \dfrac{B.M.D}{EI} = \dfrac{M}{EI}$

② 처짐각 : 각 점의 전단력을 구하면 그 점의 처짐각

③ 처짐 : 각 점의 휨모멘트(단면 1차 모멘트)를 구하면 그 점의 처짐

2) **Mohr의 제 2정리** : 캔틸레버보, 내민보, 게르버보, 고정보, 연속보의 경우

① 공액보 : 탄성하중법의 원리를 적용시킬 수 있도록 단부조건을 변화시킨 보

② 공액보법 : 공액보에 $\dfrac{M}{EI}$ 이라는 탄성하중을 재하시켜서 탄성하중법을 그대로 적용하여 처짐과 처짐각을 구하는 방법

③ 공액보의 원리
   - 단부조건
     끝단 힌지 ↔ 끝단 이동단 (Roller)
     고정단 ↔ 자유단
     중간힌지(Roller)지점 ↔ 중간힌지절점
   - 공액보의 원리
     상호작용가능

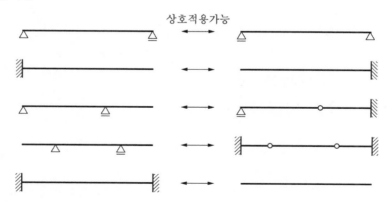

④ 공액보에서 전단력을 구하면, 처짐각, 휨모멘트(단면 1차 모멘트)를 구하면 처짐

즉, $\begin{cases} 공 - 전 - 각 \\ 공 - 모 - 처 \end{cases}$

⑤ 탄성하중의 부호와 작용방향

• 탄성하중의 작용방향 $\begin{cases} 실제\ 휨모멘트가\ (+)이면\ 하향 \\ 실제\ 휨모멘트가\ (-)이면\ 상향 \end{cases}$

• 처짐각과 처짐의 보호 $\begin{cases} (+)전단력은\ 시계방향\ 처짐각 \\ (+)휨모멘트는\ 하향의\ 처짐 \end{cases}$

3) 탄성하중법(Mohr의 정리)

(1) 탄성하중법의 원리

① 탄성하중

휨모멘트도(B.M.D)를 휨강성 $E \cdot I$ 로 나눈 값$\left(\dfrac{M}{EI} \right)$이다.

② 탄성하중법의 적용

• 탄성하중을 가상하중으로 구하는 점의 전단력을 계산하면 그 점의 처짐각이 된다.
• 탄성하중을 가상하중으로 구하는 점의 휨모멘트를 계산하면 그 점의 처짐이 된다.

(2) 계산순서

① 각 단면의 휨모멘트(M)를 구해 휨모멘트도(B.M.D)를 작도한다.

② 탄성하중$\left(\dfrac{M}{EI} \right)$을 가상하중으로 하여 휨모멘트의 부호가 (+) 이면 하향($\downarrow$)으로, ($-$)

이면 상향($\uparrow$)으로 하여 공액보로 바꾼 단순보에 작용시킨다.

③ 가상하중에 의해 구하는 점의 전단력 S_x와 휨모멘트 M_x를 구한다.

④ 처짐각 $\theta_x = S_x$가 되고 처짐 $y_x = M_x$가 된다.

(3) 탄성하중법에 의한 해석

① 단순보 중앙에 집중하중이 작용할 때

(a) A점의 처짐각(θ_A)

$$\theta_A = S_A{}' = R_A{}'$$

$$= \frac{Pl}{4EI} \times \frac{l}{2} \times \frac{1}{2} = \boxed{\frac{Pl^2}{16EI}}$$

(b) B점의 처짐각(θ_B) : 구조와 하중이 대칭이므로

$$\theta_B = -\theta_A = -\frac{Pl^2}{16EI}$$

(c) A점의 처짐(y_A)

$$\delta_A = M_A' = 0$$

(d) C점의 처짐(y_c)=(y_{max})

$$\delta_c = \delta_{max}$$

$$= R_A' \times \frac{l}{2} - \frac{Pl}{4EI} \times \frac{l}{2} \times \frac{1}{2} \times \frac{l}{2} \times \frac{1}{3}$$

$$= \frac{Pl^3}{48EI}$$

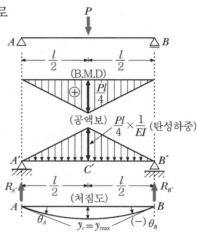

[단순보에 집중하중이 작용할 때
탄성하중법 해석]

② 단순보에 등분포하중이 작용할 때

(a) A점의 처짐각(θ_A)

$$\theta_A = S_A' = R_A'$$

$$= \frac{wl^2}{8EI} \times \frac{l}{2} \times \frac{2}{3} = \frac{wl^3}{24EI}$$

(b) θ점의 처짐각(θ_B) : 구조와 하중이 대칭이므로

$$\theta_B = -\theta_A = -\frac{wl^3}{24EI}$$

(c) A점의 처짐(y_A)

$$y_A = M_A' = 0$$

(d) C점의 처짐(y_c)=(y_{max})

$$y_c = y_{max}$$

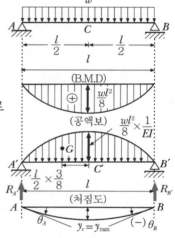

[단순보에 등분포하중이 작용할 때
탄성하중법 해석]

$$= R_A' \times \frac{l}{2} - \frac{wl^2}{8EI} \times \frac{l}{2} \times \frac{2}{3} \times \frac{l}{2} \times \frac{3}{8} = \frac{5wl^4}{384EI}$$

(4) 처짐을 구하는 목적과 발생원인

① 처짐을 구하는 목적

(a) 사용성 문제 : 자중에 대한 처짐 고려 → 솟음(Camber) 설치

허용처짐양을 넘으면 구조물의 미관을 해치고 구조물에 부착된 다른 부분이 손상
된다.

(b) 부정정구조물 해석 시 이용 : 변위일치법, 3연 모멘트정리, 처짐각법 등

② 처짐 발생원인

휨모멘트, 전단력, 축방향력과 같은 단면력에 의하여 발생하며, 보와 라멘에서는 전단력에 대한 처짐은 매우 작아 무시하고 휨모멘트만 고려한다. 트러스는 축방향력에 의하여 발생되므로 축방향력에 의한 처짐만 고려한다.

	캔집	캔등	단집	단등
보의 종류				
처짐 곡선				
공액보				
탄성 하중	$W=\dfrac{M}{EI}=\dfrac{Pl}{EI}$	$W=\dfrac{M}{EI}=\dfrac{l^2}{2EI}$	$W=\dfrac{M}{EI}=\dfrac{Pl}{4EI}$	$W=\dfrac{M}{EI}=\dfrac{wl^2}{8EI}$
처짐각	$\theta=\dfrac{Pl^2}{2EI}$	$\theta=\dfrac{wl^3}{6EI}$	$\theta=\dfrac{Pl^2}{16EI}$	$\theta=\dfrac{wl^3}{24EI}$
처짐	$\delta=\dfrac{Pl^3}{3EI}$	$\delta=\dfrac{wl^4}{8EI}$	$\delta=\dfrac{Pl^3}{48EI}$	$\delta=\dfrac{5wl^4}{384EI}$

Structural Mechanics | **10-7**

	비대칭	대칭	역대칭	비대칭
보의 종류				
처짐 곡선				
공액보				
탄성 하중	$W = \dfrac{M}{EI}$	$W = \dfrac{M}{EI}$	$W = \dfrac{M}{EI}$	$W = \dfrac{M}{EI}$
처짐각	$\theta = Wl = \dfrac{Ml}{EI}$	$\theta = \dfrac{Wl}{2} = \dfrac{Ml}{2EI}$	$\theta_A = \theta_B = \dfrac{Wl}{24} = \dfrac{Ml}{24EI}$ $\theta_C = \dfrac{Wl}{12} = \dfrac{Ml}{12EI}$	$\theta_A = \dfrac{wl}{6} = \dfrac{Ml}{6EI}$ $\theta_B = \dfrac{wl}{3} = \dfrac{Ml}{3EI}$ $\theta_C = \dfrac{wl}{24} = \dfrac{Ml}{24EI}$
처짐	$\delta = \dfrac{wl^2}{2} = \dfrac{Ml^2}{2EI}$	$\delta = \dfrac{wl^2}{8} = \dfrac{Ml^2}{8EI}$	-	$\delta_c = \dfrac{wl^2}{16} = \dfrac{Ml^2}{16EI}$ $\delta_{max} = \dfrac{wl^2}{9\sqrt{3}} = \dfrac{Ml^2}{9\sqrt{3}\,EI}$ $x = \dfrac{l}{\sqrt{3}} = 0.577l$
응용 문제				

10-8 | 건설 구조역학

내민보 (Ⅰ) 단계	게르버보
C점의 처짐 : $\delta_c = \theta_B \times a$(내민길이)	C점의 처짐 : $\delta_c = \theta_B \times a$(내민길이)

내민보 (Ⅱ) 단계			
	집중하중	등분포하중	모멘트하중
2단계			
처짐각	$\theta_A = -\dfrac{Pl^2}{12EI}$ $\theta_B = \dfrac{Pl^2}{6EI}$	$\theta_A = -\dfrac{wl^3}{48EI}$ $\theta_B = \dfrac{wl^3}{24EI}$	$\theta_A = -\dfrac{Ml}{6EI}$ $\theta_B = \dfrac{Ml}{3EI}$
처 짐	$y_c = \theta_B \times \dfrac{l}{2} + \dfrac{Pl^3}{24EI} = \dfrac{Pl^3}{8EI}$	$y_c = \theta_B \times \dfrac{l}{2} + \dfrac{wl^4}{128EI} = \dfrac{11wl^4}{384EI}$	$y_c = \theta_B \times \dfrac{l}{2} + \dfrac{Ml^2}{8EI} = \dfrac{5Ml^2}{24EI}$
처짐각	$\theta_c = \theta_B + \dfrac{Pl^2}{8EI} = \dfrac{7Pl^2}{24EI}$	$\theta_c = \theta_B + \dfrac{wl^3}{48EI} = \dfrac{wl^3}{16EI}$	$\theta_c = \theta_B + \dfrac{Ml}{2EI} = \dfrac{5Ml}{6EI}$

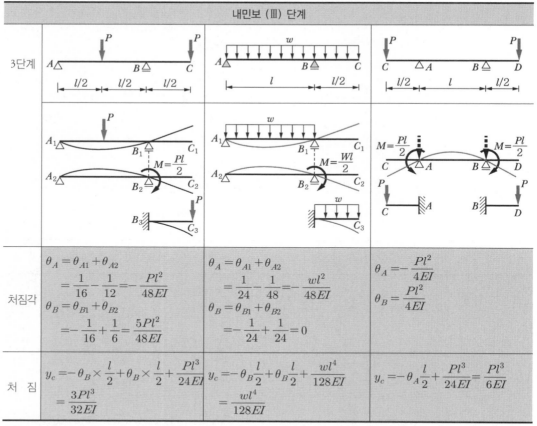

	내민보 (Ⅲ) 단계		
3단계			
처짐각	$\theta_A = \theta_{A1} + \theta_{A2}$ $= \dfrac{1}{16} - \dfrac{1}{12} = -\dfrac{Pl^2}{48EI}$ $\theta_B = \theta_{B1} + \theta_{B2}$ $= -\dfrac{1}{16} + \dfrac{1}{6} = \dfrac{5Pl^2}{48EI}$	$\theta_A = \theta_{A1} + \theta_{A2}$ $= \dfrac{1}{24} - \dfrac{1}{48} = -\dfrac{wl^2}{48EI}$ $\theta_B = \theta_{B1} + \theta_{B2}$ $= -\dfrac{1}{24} + \dfrac{1}{24} = 0$	$\theta_A = -\dfrac{Pl^2}{4EI}$ $\theta_B = \dfrac{Pl^2}{4EI}$
처짐	$y_c = -\theta_B \times \dfrac{l}{2} + \theta_B \times \dfrac{l}{2} + \dfrac{Pl^3}{24EI}$ $= \dfrac{3Pl^3}{32EI}$	$y_c = -\theta_B \dfrac{l}{2} + \theta_B \dfrac{l}{2} + \dfrac{wl^4}{128EI}$ $= \dfrac{wl^4}{128EI}$	$y_c = -\theta_A \dfrac{l}{2} + \dfrac{Pl^3}{24EI} = \dfrac{Pl^3}{6EI}$

캔틸레버보 (Ⅰ) 단계	게르버보	
자유단 B점의 수직변위	힌지절점 B점의 수직변위	힌지절점 B점의 수직변위
$y_B = \dfrac{Pl^3}{3EI}$	$y_B = \dfrac{Pl^3}{3EI}$	$y_B = \dfrac{l^3}{3EI} \times \dfrac{P}{2} = \dfrac{Pl^3}{6EI}$
$y_B = \dfrac{wl^4}{8EI}$	$y_B = \dfrac{wl^4}{8EI}$	$y_B = \dfrac{l^3}{3EI} \times \dfrac{wl}{2} = \dfrac{wl^4}{6EI}$

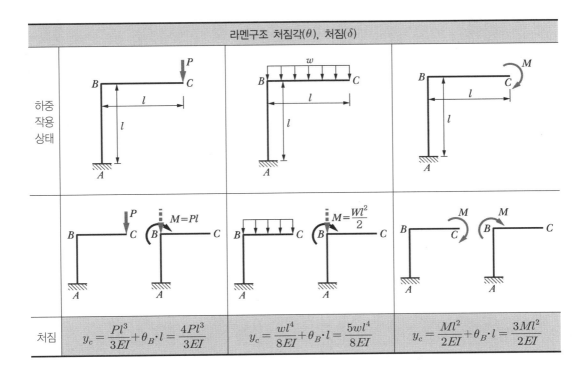

캔틸레버보 처짐(δ) (Ⅲ) 단계

	A형	B형	A형+B형
하중 작용 상태			
처짐	$y_c=\dfrac{P}{3EI}\left(\dfrac{l}{2}\right)^3+\dfrac{1}{2EI}\left(\dfrac{Pl}{2}\right)\left(\dfrac{l}{2}\right)$ $=\dfrac{Pl^3}{24EI}+\dfrac{Pl^3}{16EI}$ $\therefore y_c=\dfrac{5Pl^3}{48EI}$	$y_c=\dfrac{P}{3EI}\left(\dfrac{l}{2}\right)^3+\dfrac{1}{2EI}\left(\dfrac{l}{2}\right)^2\times\dfrac{l}{4}$ $=\dfrac{Pl^3}{24EI}+\dfrac{Pl^3}{32EI}$ $\therefore y_c=\dfrac{7Pl^3}{96EI}$	$y_B=\dfrac{5Pl^3}{48EI}-\dfrac{Pl^3}{3EI}=-\dfrac{11Pl^3}{48EI}$ $y_c=\dfrac{-1}{2EI}\left(\dfrac{Pl}{2}\right)\left(\dfrac{l}{2}\right)^2=\dfrac{-Pl^3}{16EI}$

라멘구조 처짐각(θ), 처짐(δ)

하중 작용 상태			
처짐	$y_c=\dfrac{Pl^3}{3EI}+\theta_B\cdot l=\dfrac{4Pl^3}{3EI}$	$y_c=\dfrac{wl^4}{8EI}+\theta_B\cdot l=\dfrac{5wl^4}{8EI}$	$y_c=\dfrac{Ml^2}{2EI}+\theta_B\cdot l=\dfrac{3Ml^2}{2EI}$

▌연습문제

예문 01 철골보의 처짐을 적게 하기 위한 방법을 서술하시오.

정답 $\delta = \dfrac{Pl^3}{EI}$

1) E을 크게 한다.
2) I을 크게 한다. 단면적에 관계됨

예문 02 다음과 같은 단순보에서 C점의 처짐 δ의 값은?

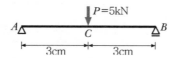

A　$P=5\text{kN}$　B
C
3cm　3cm

정답 C점의 처짐

$$\delta = \frac{Pl^3}{48EI} = \frac{5,000 \times 600^3}{48 \times 10^5 \times \dfrac{20 \times 30^3}{12}}$$

$$= 5\text{cm}$$

예문 03 다음 중앙점에 서로 직교하는 두 개의 단순보가 있다. E, I는 일정하고 지간 길이의 비는 1 : 2이다. 교점인 중앙점에 집중하중 P가 작용할 때 두 보의 하중 부담률은?

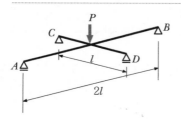

C　P　B
A　l　D
$2l$

정답 교차보에서 중앙 처짐은 같다.

$$\frac{P_{AB} \cdot (2l)^3}{48EI} = \frac{P_{CD} \cdot (l)^3}{48EI}$$

$$P_{AB} \times 8l^3 = P_{CD} \times l^3$$

$$\therefore \begin{cases} P_{AB} : P_{CD} = 1 : 8 \\ P_{CD} : P_{AB} = 8 : 1 \end{cases}$$

예문 04 다음 그림과 같이 등분포하중(w)을 받는 철근콘크리트 단순보에서 균열 발생 전의 최대 처짐 양을 줄이기 위한 효과적인 방법을 서술하시오.

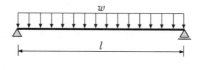

w
l

정답

$$\delta = \frac{5wl^4}{384EI} = \frac{5wl^4}{384E\left(\dfrac{bh^3}{12}\right)} = \frac{5 \times 12wl^4}{384Ebh^3}$$

$h \rightarrow 2h$로 하면 δ는 8배 감소

$b \rightarrow 2b$로 하면 δ는 2배 감소

예문 05 다음 그림과 같은 단순보에서 C점의 최대 처짐량은?

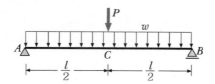

P
w
A　C　B
$\dfrac{l}{2}$　$\dfrac{l}{2}$

정답 $\therefore \delta_{\max} = \dfrac{5wl^4}{384EI} + \dfrac{Pl^3}{48EI}$

예제 06 스팬의 중앙에 집중하중을 받는 강재 보의 탄성 처짐에 영향을 주는 요인을 서술하시오.

정답 처짐 δ에 영향을 주는 요인
1) 하중(P)
2) 보의 길이(l)
3) 탄성계수(E)
4) 단부조건(A, B)
5) 단면형상(I)

$$\delta = \frac{Pl^3}{48EI}$$

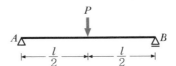

예제 07 동일한 판재 6장으로 단순보를 구성하고자 한다. 그림(a)는 판재 3장을 일체로 접합한 형태이고, 그림(b)는 판재 3장을 겹쳐 쌓은 형태이다. 단순보의 중앙 상부에 동일한 하중이 작용할 경우, 보(b)의 중앙부 처짐은 보(a)의 중앙부 처짐의 몇 배인가?

(a) 일체형 단면

(b) 분리형 단면

정답

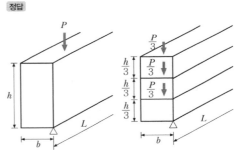

$$\delta = \frac{PL^3}{48EI} \qquad\qquad \delta = \frac{PL^3}{48EI}$$

$$= \frac{PL^3}{48E\left(\dfrac{bh^3}{12}\right)} \qquad = \frac{PL^3}{48E\left(\dfrac{b\left(\dfrac{h}{3}\right)^3}{12}\right)}$$

$$= \frac{PL^3}{4Ebh^3} \qquad\qquad = \frac{PL^3}{4Ebh^3} \times \frac{3^3}{3}$$

$$1 \qquad : \qquad 9$$

예제 08 다음과 같은 캔틸레버에서 처짐이 같기 위한 $P_1 : P_2$비는 얼마인가?

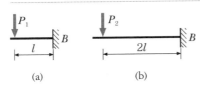

(a)   (b)

정답 1) $\delta_1 = \dfrac{P_1 l^3}{3EI}$

2) $\delta_2 = \dfrac{P_2(2l)^3}{3EI} = \dfrac{P_2 8 l^3}{3EI}$

$\delta_1 = \delta_2$에서 $P_1 l^3 = P_2 8 l^3$

$\therefore P_1 : P_2 = 8 : 1$

예문 09 길이가 L인 캔틸레버보에서 어떤 하중으로 인한 휨모멘트가 자유단은 영이고 고정단에서 M인 2차 곡선일 때 자유단의 처짐은?

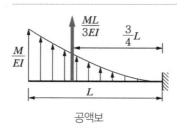

공액보

정답 $y = \dfrac{ML}{3EI} \times \dfrac{3L}{4} = \dfrac{ML^2}{4EI}$

$\theta = \dfrac{ML}{3EI}$

예문 10 그림에서와 같은 캔틸레버보에 $P = 21\text{kN}$의 하중이 갑자기 작용 시 최대 처짐량은?(단, $E = 2.1 \times 10^6$ N/cm², $I = 9 \times 10^4 \text{cm}^4$)

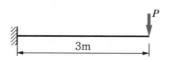

정답

충격에 의한 처짐은 정적 처짐의 2배이다.

$y_i = 2y_S = 2\dfrac{Pl^3}{3EI} = 2\dfrac{21 \times 10^3 \times 3 \times 10^6}{3 \times 2.1 \times 10^6 \times 9 \times 10^4}$

$\therefore y_i = 2\text{cm}$

예문 11 그림과 같은 구조물에서 A점의 수직처짐은?

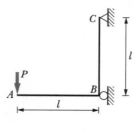

정답

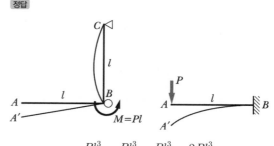

$y_A = \theta_B \times l + \dfrac{Pl^3}{3EI} = \dfrac{Pl^3}{3EI} + \dfrac{Pl^3}{3EI} = \dfrac{2Pl^3}{3EI}$

예문 12 다음 그림에서 중앙점의 최대 처짐 δ를 구하시오.

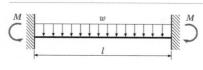

정답

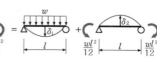

$\delta = \delta_1 - \delta_2 = \dfrac{5wl^4}{384EI} - \dfrac{wl^4}{96EI} = \dfrac{wl^4}{384EI}$

예문 13 다음 그림과 같이 단순보의 중앙점에 집중하중 P가 작용하는 경우(A)와 등분포하중이 작용하는 경우(B)의 최대 처짐의 비(A) : (B)?(단, $P = wl$이며 EI는 일정하다.)

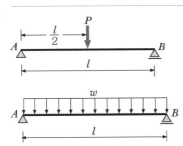

정답 $\delta_A : \delta_B = \dfrac{(wl)l^3}{48EI} : \dfrac{5wl^4}{384EI}$

$$= \frac{1}{48} : \frac{5}{384} = 8 : 5$$

예문 14 캔틸레버에서 C점, B점의 처짐 $\Delta_c : \Delta_B$는?(단, EI는 일정)

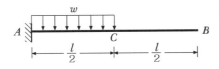

정답

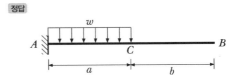

$\delta_C : \delta_B = 3a : 3a + 4b$

$$= 3\left(\frac{l}{2}\right) : 3\left(\frac{l}{2}\right) + 4\left(\frac{l}{2}\right) = 3 : 7$$

예문 15 단순보 중앙에 집중하중이 작용할 때 최대처짐은 보길이(스팬)의 몇 제곱에 비례하는가?

정답 최대처짐 $\delta_C = \dfrac{Pl^3}{48EI}$ 이므로 스팬의 세제곱에 비례한다.

예문 16 그림과 같은 외팔보에 균일분포하중이 작용할 때 자유단에 처짐량 $\delta = 3\text{cm}$ A점에 있어서 탄성곡선의 기울기가 $Q_A = 0.57°$일 때 이 보의 길이는?(단, $E = 2.1 \times 10^6 \text{N/cm}^2$)

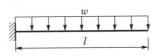

정답 $\theta_A = \dfrac{\pi}{180} \times 0.57 \fallingdotseq 0.01(\text{Radian}) = \dfrac{1}{100}$

$$\frac{y}{Q} = \frac{\dfrac{wl^4}{8EI}}{\dfrac{wl^3}{6EI}} = \frac{3}{4}l$$

$$\therefore l = \frac{4}{3}$$

$$\frac{y}{Q} = \frac{4}{3} \times \frac{3}{\dfrac{1}{100}} = 400\text{cm} = 4\text{m}$$

예문 17 다음 캔틸레버 보에 대하여 경간(L)의 $\frac{1}{2}$ 지점에 집중하중(P)이 작용한다. 이때 자유단(a점)의 처짐은?

(단, 부재 경간 전체에 대하여 탄성계수(E)와 단면2차모멘트(I)는 동일하다.)

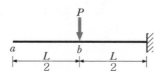

정답

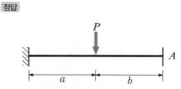

$$\delta_A = \frac{Pa^2}{6EI}(2a+3b)$$

$$\delta_A = \frac{P}{6EI}\left(\frac{L}{2}\right)^2\left[2\left(\frac{L}{2}\right)+3\left(\frac{L}{2}\right)\right]$$

$$= \frac{PL^2}{24EI}\left[\frac{5}{2}L\right]$$

$$= \frac{5PL^3}{48EI}$$

예문 18 양단 고정보의 중앙점 C에 집중하중 P가 작용할 경우 C점의 처짐 δ_C는?(단, 보의 EI는 일정하다.)

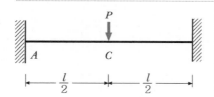

정답

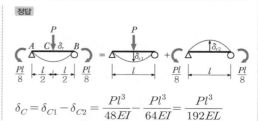

$$\delta_C = \delta_{C1} - \delta_{C2} = \frac{Pl^3}{48EI} - \frac{Pl^3}{64EI} = \frac{Pl^3}{192EL}$$

예문 19 그림과 같은 구조물의 C점의 처짐은?

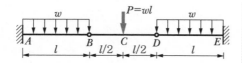

정답 $y_{B1} = \frac{wl^4}{6EI}$

$y_{B2} = \frac{wl^4}{8EI}$

$y'_C = \frac{wl^4}{48EI}$

$y_C = y'_C + y_{B1} + y_{B2}$

$$\therefore y_C = \frac{5wl^4}{16EI}$$

예문 20 그림과 같은 게르버보에서 C점의 처짐각은?

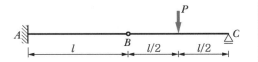

정답 $\theta_C = \dfrac{Pl^2}{16EI} + \dfrac{\delta_B}{l} = \dfrac{Pl^2}{16EI} + \dfrac{Pl^2}{6EI}$

$= \dfrac{11Pl^2}{48EI}$

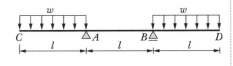

정답 $\theta_C = \dfrac{wl^3}{24EI} + \dfrac{\delta_B}{l} = \dfrac{wl^3}{24EI} + \dfrac{wl^3}{3EI}$

$= \dfrac{9wl^3}{24EI} = \dfrac{3wl^3}{8EI}$

예문 21 다음 보에서 내민부분에 작용하는 등분포하중에 의한 C점의 처짐각은?

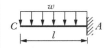

정답

$\theta_{C1} = \theta_A = \dfrac{Ml}{2EI} = \dfrac{wl^2}{2} \times \dfrac{l}{2EI} = \dfrac{wl^3}{4EI}$

$\theta_{C2} = \dfrac{wl^3}{6EI}$

$\therefore \theta_C = \theta_{C1} + \theta_{C2} = \dfrac{5wl^3}{12EI}$

예문 22 다음 구조물에서 B단의 처짐이 0이 되려면 a와 l의 비는?

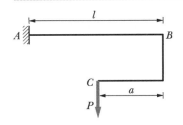

정답

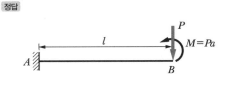

$y_B = \dfrac{Pl^3}{3EI} - \dfrac{Pal^2}{2EI}$

$\dfrac{Pal^2}{2EI} = \dfrac{Pl^3}{3EI}$ $\quad \therefore \dfrac{a}{l} = \dfrac{2}{3}$

예문 23 다음과 같은 내민보에서 C점의 처짐은?(단, EI는 일정하다.)

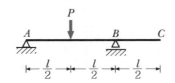

정답 보의 처짐을 보면 다음과 같다.

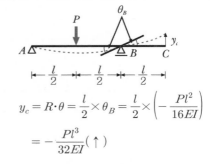

$$y_c = R \cdot \theta = \frac{l}{2} \times \theta_B = \frac{l}{2} \times \left(-\frac{Pl^2}{16EI}\right)$$

$$= -\frac{Pl^3}{32EI}(\uparrow)$$

예문 24 그림과 같이 하중 P와 Q를 받고 있는 내민보 C점의 처짐이 영이 되기 위한 $\dfrac{P}{Q}$의 비는?

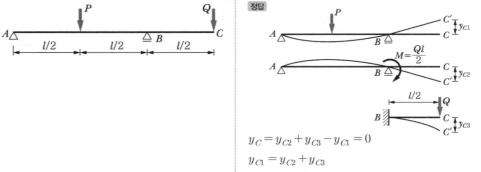

$$y_C = y_{C2} + y_{C3} - y_{C1} = 0$$

$$y_{C1} = y_{C2} + y_{C3}$$

$$\frac{Pl^2}{16EI} \times \frac{l}{2} = \frac{Ql}{2} \times \frac{l}{3EI} \times \frac{l}{2} + \frac{Q}{3EI} \times \left(\frac{l}{2}\right)^3$$

$$\rightarrow \therefore \frac{P}{Q} = \frac{32}{8} = 4$$

예문 25 게르버(Gerber)보에 등분포하중이 작용할 경우 B점에서의 수직 처짐은?(단, EI는 일정하다.)

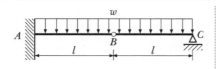

정답

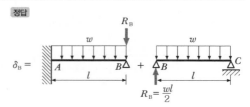

$$\delta_B = \frac{R_B \cdot l^3}{3EI} + \frac{wl^4}{8EI} = \frac{\left(\frac{wl}{2}\right) \cdot l^3}{3EI} + \frac{wl^4}{8EI}$$

$$= \frac{7wl^4}{24EI}$$

예문 26 그림과 같이 철근콘크리트 캔틸레버보에서 등분포하중 w 가 작용할 때 인장 주철근이 배근 위치를 표시하시오.(단, 굵은 실선은 인장 주철근을 나타낸다.)

정답

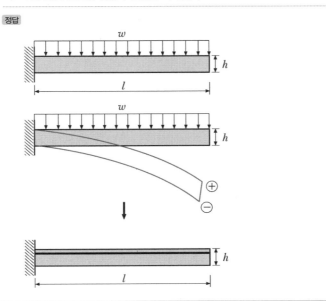

예문 27 캔틸레버보에서 B 점의 처짐은?(단, EI 는 일정하다.)

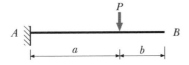

정답

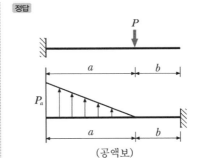

(공액보)

$$M_B' = \frac{1}{2} \times Pa \times a \times \left(b + \frac{2a}{3}\right) = \frac{Pa^2}{6}(3b + 2a)$$

$$\therefore y_B = \frac{M_B'}{EI} = \frac{Pa^2}{6EI}(3b + 2a)$$

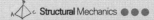

11

부정정 구조물

Structural Mechanics

11 부정정 구조물

1. 부정정 구조물의 해법

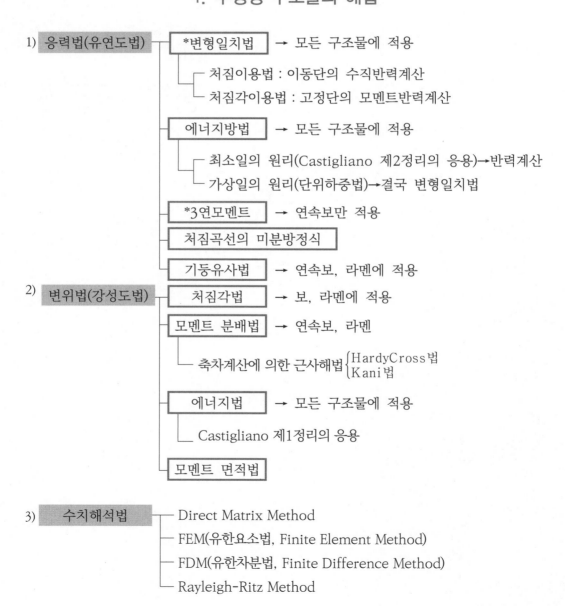

1) 응력법(유연도법) ─┬ *변형일치법 → 모든 구조물에 적용
 ┃ ┣ 처짐이용법 : 이동단의 수직반력계산
 ┃ ┗ 처짐각이용법 : 고정단의 모멘트반력계산
 ┣ 에너지방법 → 모든 구조물에 적용
 ┃ ┣ 최소일의 원리(Castigliano 제2정리의 응용)→반력계산
 ┃ ┗ 가상일의 원리(단위하중법)→결국 변형일치법
 ┣ *3연모멘트 → 연속보만 적용
 ┣ 처짐곡선의 미분방정식
 ┗ 기둥유사법 → 연속보, 라멘에 적용

2) 변위법(강성도법) ─┬ 처짐각법 → 보, 라멘에 적용
 ┣ 모멘트 분배법 → 연속보, 라멘
 ┃ ┗ 축차계산에 의한 근사해법 $\begin{cases} \text{HardyCross법} \\ \text{Kani법} \end{cases}$
 ┣ 에너지법 → 모든 구조물에 적용
 ┃ ┗ Castigliano 제1정리의 응용
 ┗ 모멘트 면적법

3) 수치해석법 ─┬ Direct Matrix Method
 ┣ FEM(유한요소법, Finite Element Method)
 ┣ FDM(유한차분법, Finite Difference Method)
 ┗ Rayleigh-Ritz Method

2. 변형일치법

변형일치법은 여분의 지점반력이나 응력을 부정정 여력으로 간주하여 정정구조물로 변화시킨 뒤 처짐이나 처짐각의 값을 이용하여 계산한다.

1) 처짐각 공식 이용법 : 고정단의 반력모멘트 계산에 적용

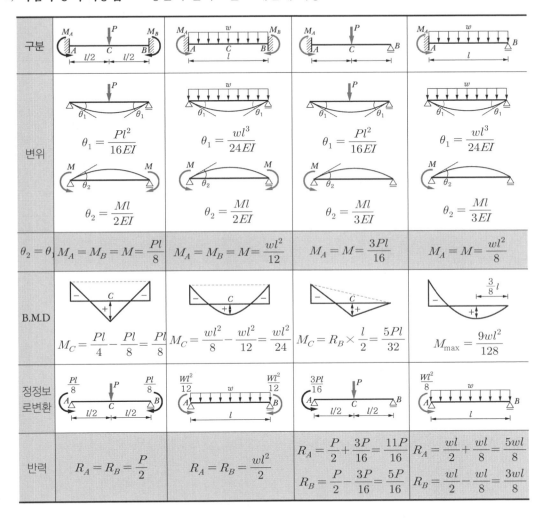

구분				
변위	$\theta_1 = \dfrac{Pl^2}{16EI}$ $\theta_2 = \dfrac{Ml}{2EI}$	$\theta_1 = \dfrac{wl^3}{24EI}$ $\theta_2 = \dfrac{Ml}{2EI}$	$\theta_1 = \dfrac{Pl^2}{16EI}$ $\theta_2 = \dfrac{Ml}{3EI}$	$\theta_1 = \dfrac{wl^3}{24EI}$ $\theta_2 = \dfrac{Ml}{3EI}$
$\theta_2 = \theta_1$	$M_A = M_B = M = \dfrac{Pl}{8}$	$M_A = M_B = M = \dfrac{wl^2}{12}$	$M_A = M = \dfrac{3Pl}{16}$	$M_A = M = \dfrac{wl^2}{8}$
B.M.D	$M_C = \dfrac{Pl}{4} - \dfrac{Pl}{8} = \dfrac{Pl}{8}$	$M_C = \dfrac{wl^2}{8} - \dfrac{wl^2}{12} = \dfrac{wl^2}{24}$	$M_C = R_B \times \dfrac{l}{2} = \dfrac{5Pl}{32}$	$M_{\max} = \dfrac{9wl^2}{128}$
정정보로변환				
반력	$R_A = R_B = \dfrac{P}{2}$	$R_A = R_B = \dfrac{wl^2}{2}$	$R_A = \dfrac{P}{2} + \dfrac{3P}{16} = \dfrac{11P}{16}$ $R_B = \dfrac{P}{2} - \dfrac{3P}{16} = \dfrac{5P}{16}$	$R_A = \dfrac{wl}{2} + \dfrac{wl}{8} = \dfrac{5wl}{8}$ $R_B = \dfrac{wl}{2} - \dfrac{wl}{8} = \dfrac{3wl}{8}$

2) **처짐공식 이용법** : Roller 지점의 수직반력 계산에 적용

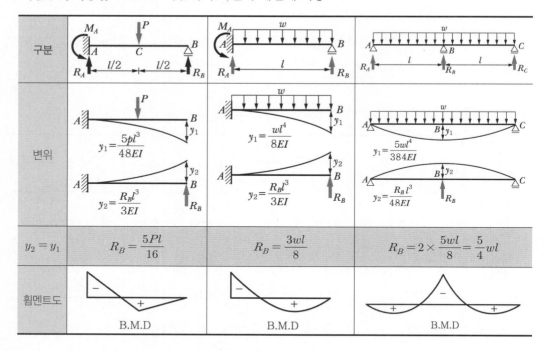

구분			
변위	$y_1 = \dfrac{5pl^3}{48EI}$ $y_2 = \dfrac{R_B l^3}{3EI}$	$y_1 = \dfrac{wl^4}{8EI}$ $y_2 = \dfrac{R_B l^3}{3EI}$	$y_1 = \dfrac{5wl^4}{384EI}$ $y_2 = \dfrac{R_B l^3}{48EI}$
$y_2 = y_1$	$R_B = \dfrac{5Pl}{16}$	$R_B = \dfrac{3wl}{8}$	$R_B = 2 \times \dfrac{5wl}{8} = \dfrac{5}{4}wl$
휨멘트도	B.M.D	B.M.D	B.M.D

3. 하중항법

1) 하중항(기본)

양단고정보	고정지지보

$$C_{AB} = -\frac{Pl}{8} \qquad C_{BA} = \frac{Pl}{8}$$

$$H_{AB} = -\frac{3}{2}C_{AB} = -\frac{3}{2}\cdot\frac{Pl}{8} = -\frac{3Pl}{16}$$

$$C_{AB} = -\frac{wl^2}{12} \qquad C_{BA} = \frac{wl}{12}$$

$$H_{BA} = \frac{3}{2}C_{BA} = \frac{3}{2}\cdot\frac{wl^2}{12} = -\frac{wl^2}{8}$$

$$C_{AB} = -\frac{Pab^2}{l^2} \qquad C_{BA} = \frac{Pa^2b}{l^2}$$

$$H_{BA} = -\left(C_{AB} + \frac{C_{BA}}{2}\right) = -\frac{Pab(a+2b)}{2l^2}$$

$$C_{AB} = -\frac{2Pl}{9} \qquad C_{BA} = \frac{2Pl}{9}$$

$$H_{AB} = -\frac{3}{2}C_{AB} = -\frac{Pl}{3}$$

$$C_{AB} = \frac{M}{4} \qquad C_{BA} = \frac{M}{4}$$

$$C_{BA} + \frac{C_{AB}}{2} = \frac{M}{8}$$

2) $\frac{1}{2}$ **법과 절단법** : 강비가 일정한 구조물에만 적용

하중항과 절단법	$\frac{1}{2}$ 법과 절단법
$C_{AB} = C_{BC} = -\dfrac{wl^2}{12}, \quad C_{BA} = C_{CB} = \dfrac{wl^2}{12}$	$M_B = -\dfrac{1}{2} \cdot \dfrac{wl^2}{12} = -\dfrac{-wl^2}{24}, \quad M_C = \dfrac{1}{2}M_B = \dfrac{wl^2}{48}$ $M_A = C_{AB} + \dfrac{1}{2}M_B = \dfrac{-5wl^2}{48}$
하중항과 절단법	$\frac{1}{2}$ 법과 절단법
$H_{BA} = \dfrac{3}{2}C_{BA} = \dfrac{2}{3} \cdot \dfrac{wl^2}{12} = \dfrac{wl^2}{8}$ $H_{BC} = -\dfrac{3}{2}C_{BC} = \dfrac{-wl^2}{8}$	$M_B = \dfrac{1}{2} \cdot \dfrac{wl^2}{8} = -\dfrac{-wl^2}{16}$ $R_A = \dfrac{M_B}{l} = \dfrac{wl}{16} \downarrow \quad R_B = 2\dfrac{M_B}{l} + \dfrac{wl}{2} = \dfrac{5wl}{8} \uparrow$

하중항과 절단법	$\frac{1}{2}$ 법과 절단법

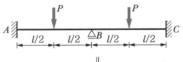

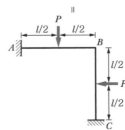

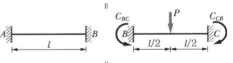

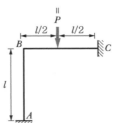

$$M_B = \frac{1}{2} \cdot \frac{Pl}{8} = -\frac{-Pl}{16},$$

$$M_C = C_{CB} + \frac{M_B}{2} = \frac{-5Pl}{32}$$

$$M_A = \frac{1}{2} M_B = \frac{Pl}{32}$$

$$C_{AB} = C_{BA} = -\frac{Pl}{8} \qquad C_{BA} = C_{CB} = \frac{Pl}{8}$$

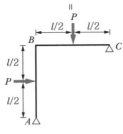

$$H_{BA} = \frac{3}{2} C_{BA} = \frac{3}{2} \cdot \frac{Pl}{8} = \frac{3Pl}{16}$$

$$H_{BC} = -\frac{3}{2} C_{BC} = \frac{-3Pl}{16}$$

$$M_B = \frac{1}{2} \cdot \frac{3Pl}{16} = -\frac{-3Pl}{32},$$

$$R_C = \frac{M_B}{l} = \frac{3P}{32}$$

$$R_B = 2\frac{M_B}{l} + \frac{P}{2} = \frac{11P}{16} \uparrow$$

하중항과 절단법	$\dfrac{1}{2}$법과 절단법
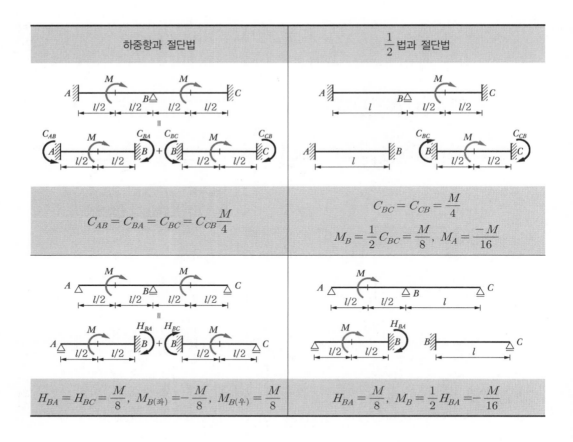	
$C_{AB} = C_{BA} = C_{BC} = C_{CB}\dfrac{M}{4}$	$C_{BC} = C_{CB} = \dfrac{M}{4}$ $M_B = \dfrac{1}{2}C_{BC} = \dfrac{M}{8}, \ M_A = \dfrac{-M}{16}$
$H_{BA} = H_{BC} = \dfrac{M}{8}, \ M_{B(좌)} = -\dfrac{M}{8}, \ M_{B(우)} = \dfrac{M}{8}$	$H_{BA} = \dfrac{M}{8}, \ M_B = \dfrac{1}{2}H_{BA} = -\dfrac{M}{16}$

4. 모멘트분배법(고정모멘트법)

모멘트분배법은 연속보다 라멘의 한 해법으로 하여 크로스(Hardy Cross)에 의하여 제안된 것으로 처짐각법과 같이 연립방정식으로 푸는 것이 아니라 축차적인 반복에 의해서 미지량(휨모멘트)을 근사적으로 구하는 방법이다.

1) 해법의 특성

① 직선재 부정정 구조물이면 어떤 구조물이든 풀 수 있다.

② 해법의 대부분의 과정이 산술적(가·감·승·제)이다.

③ 고층 다스팬 라멘에서는 타해법에 비하여 노력과 시간이 현저히 적게 든다.

④ 계산 도중에 계산착오를 수시로 조사할 수 있다.

> 모멘트분배법과 처짐각법은 구조물의 휨변형만을 고려하므로 부정정 트러스에는 이용되지 못한다.

2) 해법순서

① 강도계산 : $K = \dfrac{I}{l} = \dfrac{\text{단면2차모멘트}}{\text{부재길이}}$

② 표준강도(K_o) 설정

③ 강비계산 : $k = \dfrac{K}{K_o} = \dfrac{\text{강도}}{\text{기준강도}}$

④ 분배율(DF) 계산 : $f = \dfrac{\text{강도}}{\text{총강도}} = \dfrac{\text{강비}}{\text{총강비}}$ (DF기 대신 f를 주로 사용)

⑤ 하중항(FEM) 계산 : $C_{AB} = A$단 반력모멘트, $C_{BA} = B$단 반력모멘트

$\quad\quad H_{AB} = A$고정단 반력모멘트. $H_{BA} = B$고정단 반력모멘트

⑥ 불균형모멘트 계산 : 한 절점이 좌우모멘트 값의 차이

⑦ 분배모멘트 계산 : $M_D = f \cdot tM =$ (분배율)×(해제모멘트)

⑧ 전달모멘트 계산 : $M_C = \dfrac{1}{2} M_D =$ (전달률)×(분배모멘트)

전달모멘트=(분배율)×(해제모멘트)×(전달률)=(전달률)×(분배모멘트)

> 회전단에 생긴 모멘트에 의하여 고정단에 생긴 모멘트의 비는 항상 $\dfrac{1}{2}$이다.

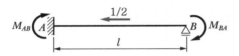

$$M_{AB} = \frac{M_{BA}}{2} \qquad \therefore \frac{M_{AB}}{M_{BA}} = \frac{1}{2}$$

작용모멘트 : M_{BA} ⎫
전달모멘트 : M_{BA} ⎭ 전달모멘트는 항상 작용모멘트 값의 $\frac{1}{2}$이다.

⑨ 재단모멘트(FM) 계산 : M_{FD} = (하중항) × (분배모멘트) × (전달률)

> 재단모멘트의 값이 (-)가 나오면, 작용점 위치에 관계없이 반시계방향↺으로 작용한다.

3) 유효강비와 전달률

강비는 부재의 양단이 고정인 경우를 기준으로 하여 정한 것이다. 그러나 부재의 일단이 힌지(Pin)인 경우, 또는 대칭변형, 역대칭변형인 경우에는 위의 강비(강도)를 수정하여 양단이 고정인 경우와 동일하게 취급한다. 이때 수정된 강비를 유효강비(또는 등가 장비)라 한다.

① 기준강비와 전달률

부재의 조건	휨모멘트의 분포	강비(k)	전달률(CF)	처짐곡선
타단고정		k	$\frac{1}{2}$	

② 유효강비와 전달률

부재의 조건	휨모멘트의 분포	강비(k)	전달률(CF)	처짐곡선
타단힌지		$\frac{3}{4}k$ $(0.75k)$	0	$\theta_A \neq \theta_B$
타단자유		0	0	

대칭변형	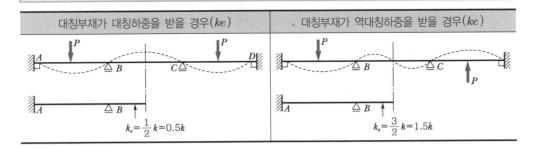	$\dfrac{1}{2}k$ $(0.5k)$	-1	
역대칭변형		$\dfrac{3}{2}k$ $(1.5k)$	1	

타단이 힌지이거나 자유단이면 모멘트는 전달되지 않는다.

대칭부재가 대칭하중을 받을 경우(k_e)	대칭부재가 역대칭하중을 받을 경우(k_e)
$k_e = \dfrac{1}{2}k = 0.5k$	$k_e = \dfrac{3}{2}k = 1.5k$

5. 3연 모멘트법

연속 구조물을 지간(2지간)별로 분리하여 지점 모멘트를 부정정 여력으로 보고 푼다.
이 원리를 3연 모멘트라 하며 일명 Clapeyron의 방정식이라 한다.

1) 공식

3연 모멘트법은 처짐각을 이용하여 연속보를 푸는 방법을 공식으로 만든 것이다.

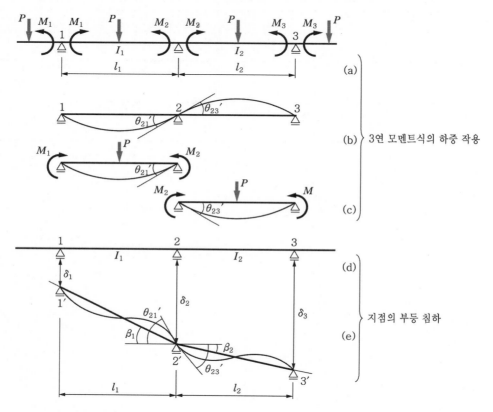

원리 : 그림(b)에서 $\theta_{21}' = \theta_{23}'$

그림(c)에서 θ_{21}' =(지점모멘트에 의한 처짐각)+(하중만에 의한 처짐각)

$$\therefore \theta_{21}' = -\frac{(M_1 + 2M_2)}{6EI_1}l_1 + \theta_{21}, \quad \theta_{23}' = -\frac{(2M_2 + M_3)}{6EI_2}l_2 + \theta_{23}$$

$$\theta_{21}' = \theta_{23}' \Rightarrow -\frac{(M_1 + 2M_2)}{6EI_1}l_1 + \theta_{21} = \frac{(2M_2 + M_3)}{6EI_2}l_2 + \theta_{23}$$

① 일반식

$$M_1\frac{l_1}{E_1I_1} + 2M_2\left(\frac{l_1}{E_1I_1} + \frac{l_2}{E_2I_2}\right) + M_3\frac{l_2}{E_2I_2} = 6(\theta_{21} - \theta_{23}) + 6(\beta_1 - \beta_2)$$

② EI가 일정하고 침하가 없는 경우

$$M_1\left(\frac{l_1}{I_1}\right) + 2M_2\left(\frac{l_1}{I_1} + \frac{l_2}{I_2}\right) + M_3\frac{l_3}{I_3} = 6E(\theta_{21} - \theta_{23})$$

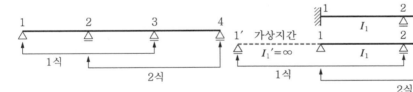

$$M_1 l_1 + 2M_2(l_1 + l_2) + M_3 l_2 = -\left\{\frac{P_1 a_1(l_1^2 - a_1^2)}{l_1} + \frac{P_2 a_2(l_2^2 - a_2^2)}{l_2}\right\} - \frac{1}{4}(w_1 l_1^3 + w_2 l_2^3)$$

③ EI가 일정하고 침하가 있는 경우

$$M_1\left(\frac{l_1}{I_1}\right) + 2M_2\left(\frac{l_1}{I_1} + \frac{l_2}{I_2}\right) + M_3\left(\frac{l_3}{I_3}\right) = 6E(\theta_{21} - \theta_{23}) + 6E(\beta_1 - \beta_2)$$

> 하중을 고려하지 않는 경우
> $$M_1 l_1 + 2M_2(l_1 + l_2) + M_3 l_2 = -6EI(\beta_1 - \beta_2)$$

여기서, $\beta_1 = \dfrac{\delta_2 - \delta_1}{l_1}$, $\beta_2 = \dfrac{\delta_3 - \delta_2}{l_2}$

• 실제 구조에 적용

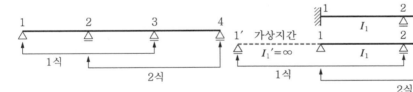

• 해법순서
  (a) 고정단은 힌지 절점으로 하여 가상지간을 만든다.($I = \infty$ 로 가정)
  (b) 단순보 지간별로 하중에 의한 처짐각이나 침하에 의한 부재각을 계산한다.
  (c) 왼쪽부터 2지간씩 묶어 공식에 대입한다.
  (d) 연립하여 지점모멘트를 계산한다.
  (e) 지간을 하나씩 구분하여 계산된 지점모멘트를 작용시켜 반력을 구한다.

6. 처짐각법

처짐각법은 직선부재에 작용하는 하중과 하중으로 인한 변형에 의해서 절점에 생기는 절점각과 부재각을 함수로 표시한 기본식을 만들어, 이 기본식을 적용한 절점방정식과 층방정식에 의해서 미지수인 절점각과 부재각을 구한다. 이 값을 기본식에 대입하여 재단 모멘트를 구할 수 있는 방법이다.

1) 해법상의 가정

① 부재는 직선재이다.
② 절점에 모인 각 부재의 연결 상태는 모두 완전한 강결로 취급한다.
③ 휨모멘트에 의해서 생기는 부재의 변형을 고려한다.
④ 축방향력과 전단력에 의해서 생기는 부재의 변형은 무시한다.
⑤ 재단 모멘트의 부호는 작용점에 관계없이 ∩방향이 (+), ∩ 방향이 (-)이다.

2) 해법순서

① 하중항과 강비를 계산한다.
② 처짐각 기본식(재단 모멘트)를 세운다.
③ 절점방정식 층방정식(라멘)을 세운다. → 보에서는 절점방정식만 존재한다.
④ 방정식을 풀어 미지수(절점각, 부재각)를 구한다.
⑤ 이 미지수를 기본식에 대입하여 재단 모멘트를 구한다.
⑥ 재단 모멘트를 사용하여 지점반력을 구한다.

3) 처짐각법 기본법＝재단 모멘트 방정식

$$M_{AB} = \frac{2EI}{L}(2\theta_A + \theta_B - 3R) - C_{AB} \rightarrow A점의 \ 고정단 \ 모멘트(B방향을 \ 향한 \ 것)$$

$$M_{BA} = \frac{2EI}{L}(2\theta_B + \theta_A - 3R) + C_{BA} \rightarrow B점의 \ 고정단 \ 모멘트(A방향을 \ 향한 \ 것)$$

• 재단 모멘트 = $\left\{ \begin{array}{c} 절점을 \ 만드는 \\ 재단 \ 모멘트 \end{array} \right\}$ + $\left\{ \begin{array}{c} 절점을 \ 만드는 \\ 재단 \ 모멘트 \end{array} \right\}$ + $\left\{ \begin{array}{c} 절점을 \ 만드는 \\ 재단 \ 모멘트 \end{array} \right\}$

① 재단 모멘트(단모멘트)

부재의 끝부분에서 그 부재를 굽히려고 작용하는 모멘트를 재단 모멘트라 한다.

(부호) { 시계방향 : ↷(+)
 반시계방향 : ↶(-) }

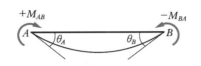

② 절점각(절점회전각, 절점처짐각)

부재가 외력에 의하여 휘어졌을 때 부재의 임의점에 있어서의 접선이 변형 전의 재축에 이루는 각

(부호) : 접선이 본래의 부재축에 대하여 시계방향 ↷(+), 반시계방향 ↶(-)

③ 부재각(부재회전각)

이 부재의 회전각을 부재각(또는 처짐도)이라 하고 R로 표시한다.

$$R = \frac{\delta_A - \delta_B}{L} = \frac{\delta}{L}$$

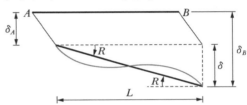

(부호) : 변형 후 부재축이 본래의 부재축에 대하여 시계방향이면 (+), 반시계방향이면 (-)

④ 하중항

중간 하중에 의한 고정단 모멘트, 즉 반력 모멘트를 하중이라 한다.

(기호) { C : 양단고정일 때
 H : 일단고정타단힌지일 때 }

(부호) { 시계방향 : ↷(+)
 반시계방향 : ↶(-) }

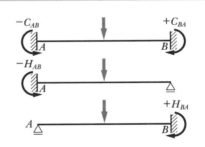

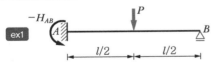

$$H_{AB} = -\left(C_{AB} + \frac{C_{BA}}{2}\right) = -\left(\frac{Pl}{8} + \frac{Pl}{16}\right)$$

$$H_{AB} = -\frac{3Pl}{16}$$

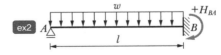

$$H_{BA} = C_{BA} + \frac{C_{AB}}{2} = \frac{wl^2}{12} + \frac{wl^2}{24}$$

$$\therefore H_{BA} = \frac{wl^2}{8}$$

⑤ 강도 및 강비

강도 : $K = \dfrac{I}{l}(\text{cm}^3)$

강비 : $k = \dfrac{K}{K_o} = \dfrac{\text{임의강도}}{\text{표준강도}}$

강성도	유연도
지점 B를 반시계방향으로 1만큼 회전시켰을 때 B점의 단모멘트는	B단에 M인 우력을 가할 때 B단의 회전각 θ_B는

강성도:

$$M_B = \frac{2EI}{L}(2\theta_B + \theta_A - 3R) + C_{BA}$$

$$\theta_B = 1, \ \theta_A = 0, \ R = 0, \ C_{BA} = 0$$

$$\therefore M_B = \frac{4EI}{L}\theta_B = \frac{4EI}{L}$$

$$M_A = \frac{M_B}{2} = \frac{2EI}{L}$$

$$R_A = \frac{1}{L}\left(\frac{2EI}{L} + \frac{4EI}{L}\right) = \frac{6EI}{L^2} = R_B$$

유연도:

$$M = \frac{4EI}{L} = \theta_B \rightarrow \therefore \theta_B = \frac{ML}{4EI}$$

$$M = \frac{Pl}{16} \qquad \theta_B = \frac{Pl^2}{64EI}$$

$$M = \frac{wl^2}{24} \qquad \theta_B = \frac{wl^3}{96EI}$$

4) **평형방정식** : 재단 모멘트를 풀기 위한 방정식

① 절점방정식(모멘트 방정식)

(a) 절점에 외력 모멘트가 작용하지 않을 때는 절점에 모인 각 부재의 재단 모멘트의 총합은 0이 된다. 그림에서 E절점방정식은

$$M_{EB} + M_{ED} + M_{EF} + M_{EH} = 0$$

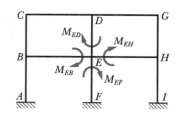

(b) 절점에 외력 모멘트가 작용할 때 절점에 모인 각 부재의 재단 모멘트의 총합은 외력 모멘트와 같다.

그림에서 B절점의 절점방정식은

$M_{BA} + M_{BC} + M_{BE} = P \cdot a$

즉, $\sum M = M$

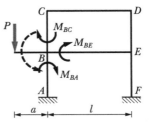

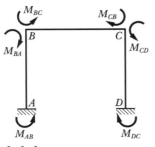

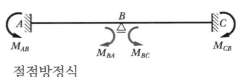

절점방정식

$\sum M_B = 0$

$M_{BA} + M_{BC} = 0$

절점방정식

$\begin{cases} \sum M_B = 0 \rightarrow M_{BA} + M_{BC} = 0 \\ \sum M_C = 0 \rightarrow M_{CB} + M_{CD} = 0 \end{cases}$

(c) 절점방정식의 수는 끝지점을 제외한 절점의 수만큼 성립한다.

(d) 모멘트 하중 M이 절점에 작용할 경우는 재단모멘트의 합이 M과 같아야 한다.

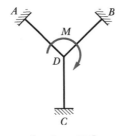

[모멘트 하중]

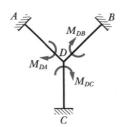

[재단 모멘트]

② 층방정식(전단력방정식)

각 층에서의 전단력(수평력)의 합은 0이다. → 층방정식의 수는 층수만큼 성립된다.

해당 층의 층방정식=(상단의 모멘트+하단의 모멘트)+(해당 층의 전단력×해당 층의 높이)+(해당 층의 수평력×하단에서 수평력까지 거리)=0

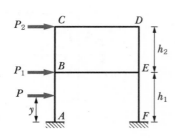

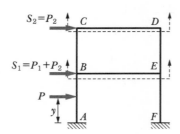

- 2층 전단력

  $S_2 = P_2$

- 1층 전단력

  $S_1 = P_1 + P_2$

- 1층 방정식

  $$M_{AB} + M_{BA} + M_{EF} + M_{FE} + S_1 h_1 + P \cdot y = 0$$

  $$\underbrace{\quad M_{\pm} \quad}_{} \qquad \underbrace{\quad M_{\mp} \quad}_{}$$

  $$(M_{BA} + H_{EF}) + (M_{AB} + M_{FE}) + S_1 h_1 + Py = 0$$

  $$\therefore S_1 = -\frac{M_{\pm} + M_{\mp}}{h_1} - \frac{Py}{h_1}$$

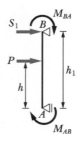

- 2층 방정식

  $$M_{BC} + M_{CB} + M_{DE} + M_{ED} + S_2 h_2 = 0$$

  $$\underbrace{\quad M_{\pm} \quad}_{} \qquad \underbrace{\quad M_{\mp} \quad}_{}$$

  $$(M_{CB} + H_{DE}) + (M_{BC} + M_{ED}) + S_2 h_2 = 0$$

  $$\therefore S_2 = -\frac{M_{\pm} + M_{\mp}}{h_1}$$

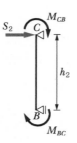

5) 미지수와 방정식수

- 절점각(θ) : 절점의 수와 같은 수의 절점방정식
- 부재각(R) : 층의 수와 같은 수의 층방정식

미지량	홀수대칭		짝수대칭
절점각1개	![그림](B-C 프레임)	![그림](B-C 프레임 분포하중)	![그림](D-E-F 프레임)
	$R=0,$	$\theta_B = -\theta_C$	$R=0,\ \theta_E=0,\ \theta_D=-\theta_F$

미지량	홀수역대칭	짝수역대칭	
절점각1개 부재각1개 (합이 2개)	 $R,\ \theta_B = \theta_C$	 $R,\ \theta_D = \theta_F,\ \theta_E$ (부재각 1개, 절점각 2개)	

미지량	구조대칭 하중비대칭	구조비대칭 하중대칭	구조비대칭 하중비대칭
절점각2개 부재각2개 (합이 3개)	 $R,\ \theta_B \neq \theta_C$	 $R,\ \theta_B \neq \theta_C$	 $R,\ \theta_B \neq \theta_C$

▮연습문제

예문 01 다음 그림과 같은 보에서 휨모멘트−변형 관계가 서술하시오.(단, 단면강성 EI는 일정)

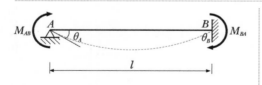

정답 1) A지점의 처짐각

$$\theta_A = \frac{M_{AB}L}{4EI}$$

2) 고정단 B점의 휨모멘트

$$M_{BA} = \frac{1}{2}M_{AB}$$

예문 02 그림과 같은 고정지지보에서 이동단을 δ만큼 연직방향으로 이동시키기 위한 힘의 크기와 고정모멘트는?

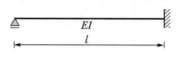

정답

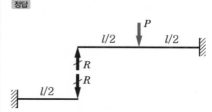

$$\delta = \frac{Pl^3}{3EI}$$

$$P = \frac{3EI}{l^3}\delta \rightarrow M = Pl = \frac{3EI}{l^2}$$

예문 03 그림과 같은 구조물에서 EI가 일정할 때 중간의 Roller에서 반력은?

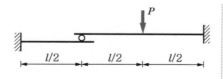

정답

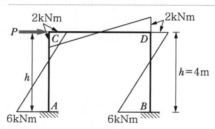

$$\frac{5Pl^3}{48EI} - \frac{Rl^3}{3EI} = \frac{R\left(\frac{l}{2}\right)^3}{3EI} \rightarrow \therefore R = \frac{5}{18}P$$

예문 04 그림과 같은 라멘의 휨모멘트도에서 C점에 작용하는 수평하중 P는?

정답 $Ph + M_{AC} + M_{CA} + M_{DB} + M_{BD} = 0$

$P \times 4 - 6 - 2 - 6 - 2 = 0$

$\therefore P = \frac{16}{4} = 4\text{kN}$

예문 05 그림과 같은 고정지지보의 변곡점의 위치 x와 변곡의 처짐은?

보기

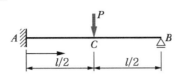

$$R_A = \frac{P}{2} + \frac{3Pl}{16l} = \frac{11}{16}P$$

$$R_B = \frac{P}{2} - \frac{3Pl}{16l} = \frac{5}{16}P$$

$$S_{max} = \frac{11}{16}P$$

- 변곡점의 위치(고정단 기준)

$$x = \frac{M_A}{R_A} = \frac{\dfrac{3Pl}{16}}{\dfrac{11P}{16}} = \frac{3}{11}l$$

- 변곡점의 처짐 : 탄성하중법 적용

$$y = M_K$$

$$= \frac{1}{EI}\left\{\left(\frac{1}{2}\cdot\frac{3Pl}{16}\cdot\frac{3l}{11}\right)\times\left(\frac{3}{11}l\cdot\frac{2}{3}\right)\right\}$$

$$\therefore y = \frac{9Pl^3}{1,936EI}$$

정답

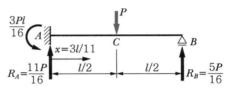

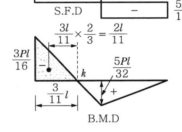

$$M_C = R_A\frac{l}{2} = \frac{5Pl}{32}$$

예문 06 그림과 같은 부정정 구조물에서 B점의 반력과 A점으로부터 변곡점 위치 x는?

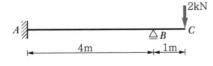

정답

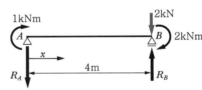

$$R_A = \frac{1+2}{4} = \frac{3}{4}\text{kN} \uparrow$$

$$R_B = \frac{3}{4} + 2 = 2.75\text{kN} \uparrow$$

변곡점 위치

$$R_A \cdot x = M_A \rightarrow x = \frac{M_A}{R_A}$$

$$\therefore x = \frac{4}{3} = 1.33\text{m}$$

예문 07 양단 고정보에서 이동하중 P가 작용할 때 A점에 고정단 모멘트가 최대가 되기 위한 하중 P의 위치는?

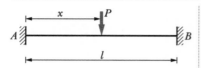

정답 $M_A = \dfrac{Pab^2}{l^2}$

여기서 $a = x$, $b = l - x$ 이므로

$$M_A = \frac{P}{l^2} x (l - x)^2$$

$$= \frac{P}{l^2} (x \cdot l^2 - 2x^{2l} + x^2)$$

• M_A가 최대가 되기 위한 P의 위치는

$\dfrac{dM_A}{dx} = 0$ 일 때이므로

$$\left. \begin{aligned} \frac{dM_A}{dx} &= \frac{P}{l^2}(l^2 - 4x \cdot l + 3x^2) \\ &= \frac{P}{l^2}(l - 3x)(l - x) = 0 \end{aligned} \right\}$$

$$\therefore x = \frac{l}{3}$$

예문 08 다음 그림에서 C점의 휨모멘트 M_C는?

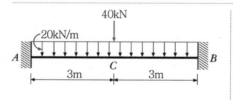

정답 $60\text{kN} \cdot \text{m}$

$$M_C = \frac{wl^2}{24} + \frac{Pl}{8}$$

$$= \frac{20 \times 6^2}{24} + \frac{40 \times 6}{8}$$

$$= 60\text{kN} \cdot \text{m}$$

예문 09 다음 그림과 같은 보에서 B점의 반력은 얼마인가?

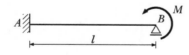

정답 $V_B = \dfrac{3M}{2l}$

예문 10 다음 그림과 같은 보에서 B점의 연직 반력은 얼마인가?(단, EI는 일정)

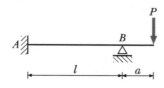

정답 B점에 P와 $M(= Pa)$가 작용하는 경우와 같으므로

$$V_B = P + \frac{3M}{2l} = P + \frac{3Pa}{2l}$$

예제 11 부정정보의 a단에 작용하는 모멘트는?

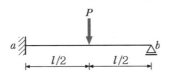

정답

1)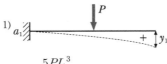

$$y_1 = \frac{5PL^3}{48EI}$$

2)

$$y_2 = \frac{R_b \cdot l^3}{-3EI}$$

3) $y_1 + y_2 = 0$

$$\frac{5Pl^3}{48EI} - \frac{R_b \cdot l^3}{3EI} = 0$$

$$\therefore R_b = \frac{5}{16}P(\uparrow)$$

4) $M_a = R_b \times l - P \times \dfrac{l}{2}$

$$= \frac{5}{16}P \times l - \frac{Pl}{2} = \frac{-3Pl}{16}$$

예제 12 그림과 같은 구조물에서 고정단 A점의 모멘트와 힌지절점의 수직변위는?

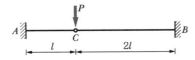

정답

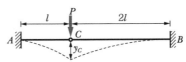

분배하중＝(분배율)×(하중) →

$$y_c = \alpha \frac{Pl^3}{EI}$$

$$P_{CA} = \frac{2^3}{1^3 + 2^3}P = \frac{8}{9}P \rightarrow$$

$$\therefore M_A = \frac{8}{9}Pl$$

$$P_{CB} = \frac{1^3}{1^3 + 2^3}P = \frac{1}{9}P \rightarrow$$

$$\therefore M_B = \frac{2}{9}Pl$$

C점의 처짐

$$y_c = \frac{l^3}{3EI} \times \frac{8P}{9} = \frac{8Pl^3}{27EI}$$

예문 13 그림과 같은 고정지지보의 변곡점의 위치 x는?

보기

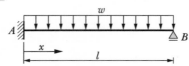

$$R_A = \frac{wl}{2} + \frac{wl^2}{8l} = \frac{5wl}{8}$$

$$R_A = \frac{wl}{2} - \frac{wl^2}{8l} = \frac{3wl}{8}$$

$$S_{\max} = R_A = \frac{5wl}{8}$$

• 전단력이 0이 되는 위치

A단 기준 : $x = \dfrac{R_A}{w} = \dfrac{5}{8}l$

B단 기준 : $x = \dfrac{R_B}{w} = \dfrac{3}{8}l$

• 변곡점의 위치(Roller 지점을 기준)

B단 기준 : $x = 2\dfrac{R_B}{w} = \dfrac{3}{4}l$

A단 기준 : $x = l - \dfrac{3}{4}l = \dfrac{l}{4}$

정답

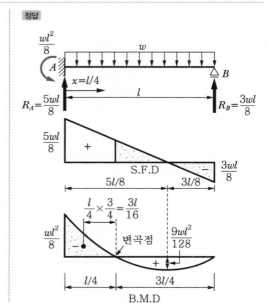

예문 14 다음 연속보에서 B지점의 최대 휨모멘트는?

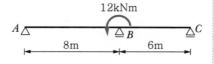

정답

$$\begin{array}{ccc} \text{(강도)} & \text{(강비)} & \text{분} \\ K_{BA} = \dfrac{I}{8} \rightarrow & k_{BA} = 3 \ - & f_{BA} = \dfrac{3}{7} \\ K_{BC} = \dfrac{I}{6} \rightarrow & k_{BC} = 4 \ - & f_{BC} = \dfrac{4}{7} \end{array}$$

$$M_{B(\max)} = \frac{4}{7} \times 12 = 6.86 \text{kN} \cdot \text{m}$$

예문 15 길이가 l이고 등분포하중 w를 받는 양단 고정보의 중앙부와 단부의 휨모멘트 비율 $M_C : M_A$는?

정답 1) 중앙부 : 정(+) 모멘트 $M_C = \dfrac{wl^2}{24}$

2) 단부 : 부(−) 모멘트 $M_A = \dfrac{wl^2}{12}$ $\qquad \therefore M_C : M_A = \dfrac{wl^2}{24} : \dfrac{wl^2}{12} = 1 : 2$

예문 16 보에서 고정 모멘트 M_A의 값은 얼마인가?

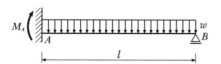

정답

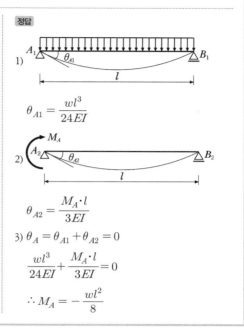

1)

$$\theta_{A1} = \frac{wl^3}{24EI}$$

2)

$$\theta_{A2} = \frac{M_A \cdot l}{3EI}$$

3) $\theta_A = \theta_{A1} + \theta_{A2} = 0$

$$\frac{wl^3}{24EI} + \frac{M_A \cdot l}{3EI} = 0$$

$$\therefore M_A = -\frac{wl^2}{8}$$

예문 17 그림과 같은 구조물에서 부재 OC의 O단에 분할되는 모멘트의 크기는?

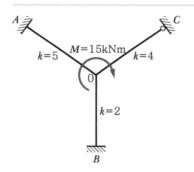

정답 분배 모멘트 M_{oc}

$$M_{oc} = f_{oc}M = \frac{4\frac{3}{4}}{5+2+4\frac{3}{4}} \times 15$$

$$= \frac{3}{10} \times 15$$

$$= 4.5 \text{kN} \cdot \text{m}$$

전달모멘트 $M_{co} \to C$ 단은 힌지이므로 전달하지 못한다.
$\therefore M_{co} = 0$

예문 18 양단 고정보에서 C점의 휨모멘트는?(단, 보의 휨강도 EI는 일정하다.)

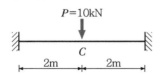

정답 중앙점의 하중 P에 의한 모멘트 반력

$$M_A = \frac{PL}{8} \text{ 이므로}$$

1) $M_A = \frac{Pl}{8} = \frac{10 \times 4}{8} = 5\text{kN} \cdot \text{m}$

2) $V_A = \frac{P}{2} = 5\text{kN}$

$\therefore M_C = 5\text{kN} \times 2\text{m} - 5\text{kN} \cdot \text{m} = 5\text{kN} \cdot \text{m}$

예문 **19** 다음 연속보의 A 지점의 수직반력은?

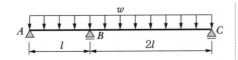

정답 $M_{uB} = \dfrac{w(2l)^2}{8} - \dfrac{wl^2}{8} = \dfrac{3}{8}wl^2$

$K_{BA} = \dfrac{I}{l} \rightarrow k_{BA} = 2$

$K_{BC} = \dfrac{I}{2l} \rightarrow k_{BC} = 1$

$M_B = f_{BA} \times M_{uB} + \dfrac{wl^2}{8}$

$= \dfrac{2}{3} \times \dfrac{3}{8}wl^2 + \dfrac{wl^2}{8} = \dfrac{3wl^2}{8}$

$\therefore R_A = \dfrac{wl}{2} - \dfrac{M_B}{l} = \dfrac{wl}{8}(\uparrow)$

예문 **20** 그림과 같은 양단고정보의 중앙부와 단부의 휨모멘트 비율 $M_C : M_A$는?

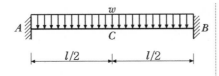

정답

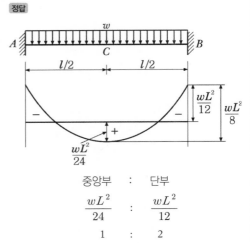

중앙부	:	단부
$\dfrac{wL^2}{24}$	:	$\dfrac{wL^2}{12}$
1	:	2

예문 **21** 다음 그림과 같은 구조에서 A 방향으로의 모멘트 분배율은?

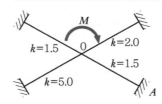

정답 0.15

OA 부재의 분배율

$f_{OA} = \dfrac{k_{OA}}{\Sigma k}$

$= \dfrac{1.5}{1.5 + 5.0 + 1.5 + 2.0}$

$= \dfrac{1.5}{10}$

$= 0.15$

예문 22 그림과 같은 라멘에서 A점 모멘트는 얼마인가?(단, k는 강비이다.)

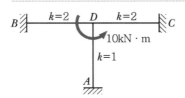

정답 1) DA분배율

$$f_{DA} = \frac{k_{DB}}{\Sigma k}$$

$$= \frac{1}{2+2+1} = \frac{1}{5} = 0.2$$

2) 분배 모멘트

$$M_{DA} = f_{DA} \cdot M$$

$$= 0.2 \times 10 = 2\text{kN} \cdot \text{m}$$

3) 전달 모멘트

$$M_{AD} = \frac{1}{2} M_{DA} = \frac{1}{2} \times 2 = 1\text{kN} \cdot \text{m}$$

예문 23 그림과 같은 구조물에서 A단에 작용되는 모멘트의 크기는 얼마인가?

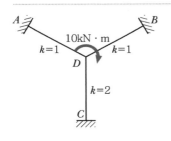

정답 1) 분배율

$$f_{DA} = \frac{k_{DA}}{\Sigma k} = \frac{1}{1+1+2} = \frac{1}{4}$$

2) 분배모멘트

$$M_{DA} = M_D \times f_{DA} = 10\text{kN} \cdot \text{m} \times \frac{1}{4}$$

$$= 2.5\text{kN} \cdot \text{m}$$

3) 도달모멘트

$$M_{DA} = M_{DA} \times \frac{1}{2} = 2.5\text{kN} \cdot \text{m} \times \frac{1}{2}$$

$$= 1.25\text{kN} \cdot \text{m}$$

예문 24 다음 그림의 OA 부재의 분배율은?(단, I는 단면 2차모멘트다.)

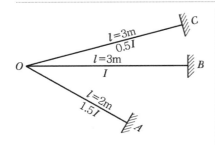

정답 1) 강도

$$K_{OA} = \frac{1.5I}{2\text{m}}, K_{OB} = \frac{I}{3\text{m}},$$

$$K_{OC} = \frac{0.5I}{3\text{m}}$$

2) 강비

$$k_{OA} : k_{OB} : k_{OC} = \frac{1.5I}{2\text{m}} : \frac{I}{3\text{m}} : \frac{0.5I}{3\text{m}}$$

$$= 4.5 : 2 : 1$$

3) OA 분배율

$$= \frac{k}{\Sigma k} = \frac{k_{OA}}{k_{OA} + k_{OB} + k_{OC}}$$

$$= \frac{4.5}{4.5 + 2 + 1} = \frac{3}{5}$$

예문 25 다음 구조물에서 절점 B의 외력 $M = 20$kN·m 가 작용하는 경우 M_{AB}는 얼마인가?

20kN · m

B $k_2 = 3$ C

$k_1 = 2$

A

정답 1) 분배율

$$f_{BA} = \frac{k_{BA}}{\Sigma k} = \frac{2}{2+3} = \frac{2}{5}$$

2) 분배 모멘트

$$M_{BA} = M_B \times f_{BA}$$

$$= 20\text{kN·m} \times \frac{2}{5} = 8\text{kN·m}$$

3) 도달 모멘트

$$M_{AB} = M_{BA} \times \frac{1}{2}$$

$$= 8\text{kN·m} \times \frac{1}{2} = 4\text{kN·m}$$

예문 26 그림과 같은 부정정라멘에서 B점의 절점방정식은?

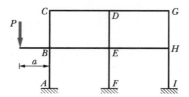

정답 $M_{BA} + M_{BE} + M_{BC} = P \cdot a$

$M_{BA} + M_{BE} + M_{BC} - P \cdot a = 0$

예문 27 다음 그림과 같은 연속보의 B점에서 BA 스팬에 대한 모멘트 분배율은?

A $2I$ $\triangle B$ I $\triangle C$ I $\triangle D$

l l l

정답 1) $K_{BA} = \dfrac{2I}{l}$, $K_{BC} = \dfrac{I}{l}$

$$\therefore k_{BA} : k_{BC} = \frac{2I}{l} : \frac{I}{l} = 2 : 1$$

2) 모멘트 분배율

$$= \frac{k}{\Sigma k} = \frac{k_{BA}}{k_{BA} + k_{BC}} = \frac{2}{2+1} = \frac{2}{3}$$

예문 28 그림과 같은 대칭라멘의 휨모멘트도에서 기둥의 전단력 값은?

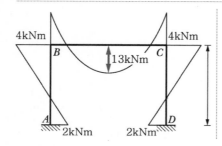

정답 $S = -\dfrac{M_A + M_B}{h} = -\dfrac{2+4}{4} = -1.5$kN

예문 29 그림과 같은 구조물에서 B점의 휨모멘트는?

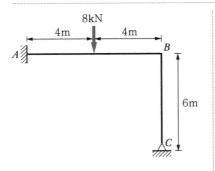

정답 불균형 모멘트

$$M_{uB} = \frac{Pl}{8} = \frac{8 \times 8}{8} = 8\text{kN} \cdot \text{m}$$

강비

$$K_{BC} = \frac{I}{8} \rightarrow k_{BA} = 1$$

$$K_{BC} = \frac{I}{6} \times \frac{3}{4} \rightarrow k_{BC} = 1$$

$$\therefore M_B = f_{BC} \times M_{uB} = \frac{1}{2} \times 8 = 4\text{kN} \cdot \text{m}$$

예문 30 다음 구조물에서 A점의 수평반력은?

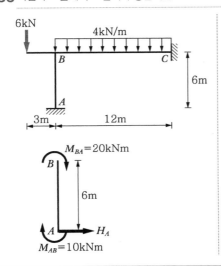

정답 1) 절점 B의 불균형모멘트

$$M_{uB} = \frac{wl^2}{12} - Pa = \frac{4 \times 12 \times 12}{12} - 6 \times 3$$
$$= 48 - 18 = 30\text{kN} \cdot \text{m}$$

2) AB기둥의 분배포인트와 전달포인트

$$M_{BA} = f_{BA}$$

$$M_{uB} = \frac{2}{3} \times 30 = 20\text{kN} \cdot \text{m}$$

$$M_{AB} = \frac{1}{2} M_{BA} = 10\text{kN} \cdot \text{m}$$

3) A점의 수평반력 H_A

$$H_A = \frac{M_{AB} + M_{BA}}{h} = \frac{30}{6} = 5\text{kN}(\rightarrow)$$

예문 31 다음 구조물의 AB 부재에 휨모멘트 및 전단력이 생기지 않도록 하는 데 필요한 P의 값은?

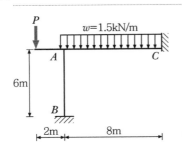

정답 $P \times 2\text{m} = \dfrac{wl^2}{12} = \dfrac{1.5 \times 8^2}{12}$

$$\therefore P = 4\text{kN}$$

예문 32 다음 연속보에서 지점침하 δ가 있을 때 B점 반력 x는? (단, EI =일정하다.)

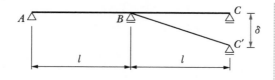

정답
$$M_A l_1 + 2M_B(l_1 + l_2) + M_c l_2$$
$$= 6EI(\beta_{B1} - \beta_{B2})$$
$$M_A = M_C = 0, \; l_1 = l_2 = l$$
$$\beta_{B1} = 0, \; \beta_{B2} = \frac{\delta}{l}$$
$$2M_B(l + l) = 6EI\left(-\frac{\delta}{l}\right)$$
$$M_B = -\frac{3EI\delta}{2l^2}$$
$$\therefore R_B = \frac{1}{l}\left(2\frac{3EI\delta}{2l^2}\right) = \frac{3EI\delta}{l^3} \uparrow$$

예문 33 그림과 같은 뼈대 A지점에 작용하는 수평하중 P는?

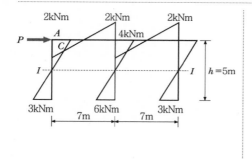

정답 $P = S_A + S_C + S_E$
$$= \frac{M_{AB} + M_{BA}}{h} + \frac{M_{CD} + M_{DC}}{h}$$
$$+ \frac{M_{EF} + M_{FE}}{h}$$
$$= \frac{2\text{kN}\cdot\text{m} + 3\text{kN}\cdot\text{m}}{5\text{m}}$$
$$+ \frac{4\text{kN}\cdot\text{m} + 6\text{kN}\cdot\text{m}}{5\text{m}}$$
$$+ \frac{2\text{kN}\cdot\text{m} + 3\text{kN}\cdot\text{m}}{5\text{m}}$$
$$= 1\text{kN} + 2\text{kN} + 1\text{kN} = 4\text{kN}$$

예문 34 다음 연속보에서 지점 B가 δ만큼 침하하면 B점의 모멘트는? (단, EI =일정)

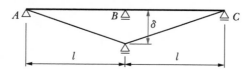

정답 $M_A l_1 + 2M_B(l_1 + l_2) + M_C l_2$
$$= 6EI(\beta_{B1} - \beta_{B2})$$
$$\begin{cases} M_A = M_C = 0, \; l_1 = l_2 = l \\ \beta_{B1} = \frac{\delta}{l}, \beta_{B2} = \frac{-\delta}{l} \end{cases}$$
$$2M_B(l + l) = 6EI\left(\frac{\delta}{l} + \frac{\delta}{l}\right)$$
$$\therefore M_B = \frac{3EI\delta}{l^2}$$

예문 35 등분포하중을 받는 부정정 구조물에서 기둥에 휨모멘트가 생기지 않도록 하기 위한 l_1과 l_2의 비는?

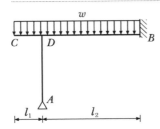

정답

1) 기둥에 휨모멘트가 생기지 않으려면 D점에서 좌우 평형이 되어야 한다. 즉, $M_{DC} = M_{DB}$

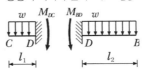

2) $M_{DC} = -wl_1 \times \dfrac{l_1}{2} = -\dfrac{wl_1{}^2}{2}$

3) $M_{DB} = -\dfrac{wl_2{}^2}{12}$

4) $-\dfrac{wl_1{}^2}{2} = -\dfrac{wl_2{}^2}{12}$

$l_1{}^2 = \dfrac{l_2{}^2}{12}$

$\therefore l_1 = \dfrac{l_2}{\sqrt{6}}\,(l_1 : l_2 = 1 : \sqrt{6})$

예문 36 다음 구조물에서 기둥 AB에 모멘트가 생기지 않게 하기 위한 l_1과 l_2의 비 $l_1 : l_2$의 값은?

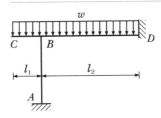

정답 1) $M_{BD} = \dfrac{wl_1{}^2}{2}$

2) $M_{BC} = \dfrac{wl_2{}^2}{12}$

3) $M_{BD} = M_{BC}$

$\dfrac{wl_1{}^2}{2} = \dfrac{wl_2{}^2}{12}, \ \dfrac{l_1}{l_2} = \dfrac{1}{\sqrt{6}}$

예문 37 양단이 고정된 보에서 B지점이 B'로 Δ만큼 수직 침하되었을 때, 보의 양단에서 발생되는 반력모멘트의 크기는?

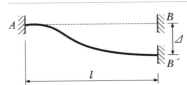

정답 1) 고정단 처짐각 : $\theta_A = \theta_B = 0$

2) 강비 : $K = \dfrac{I}{l}$

3) 부재각 : $R = \dfrac{\Delta}{l}$

4) 하중항 : $C_{AB} = 0$

5) $M_{AB} = 2E \cdot \dfrac{I}{l}\left(-3 \times \dfrac{\Delta}{l}\right) = -\dfrac{6EI\Delta}{l^2}$

예제 38 다음 구조물의 분배율은?

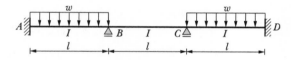

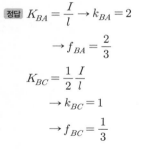

정답 $K_{BA} = \dfrac{I}{l} \rightarrow k_{BA} = 2$

$\rightarrow f_{BA} = \dfrac{2}{3}$

$K_{BC} = \dfrac{1}{2}\dfrac{I}{l}$

$\rightarrow k_{BC} = 1$

$\rightarrow f_{BC} = \dfrac{1}{3}$

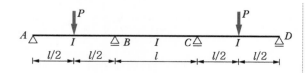

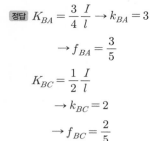

정답 $K_{BA} = \dfrac{3}{4}\dfrac{I}{l} \rightarrow k_{BA} = 3$

$\rightarrow f_{BA} = \dfrac{3}{5}$

$K_{BC} = \dfrac{1}{2}\dfrac{I}{l}$

$\rightarrow k_{BC} = 2$

$\rightarrow f_{BC} = \dfrac{2}{5}$

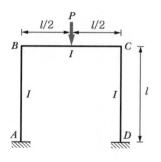

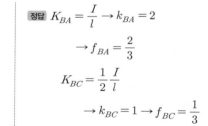

정답 $K_{BA} = \dfrac{I}{l} \rightarrow k_{BA} = 2$

$\rightarrow f_{BA} = \dfrac{2}{3}$

$K_{BC} = \dfrac{1}{2}\dfrac{I}{l}$

$\rightarrow k_{BC} = 1 \rightarrow f_{BC} = \dfrac{1}{3}$

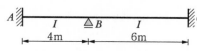

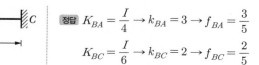

정답 $K_{BA} = \dfrac{I}{4} \rightarrow k_{BA} = 3 \rightarrow f_{BA} = \dfrac{3}{5}$

$K_{BC} = \dfrac{I}{6} \rightarrow k_{BC} = 2 \rightarrow f_{BC} = \dfrac{2}{5}$

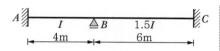

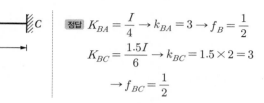

정답 $K_{BA} = \dfrac{I}{4} \rightarrow k_{BA} = 3 \rightarrow f_B = \dfrac{1}{2}$

$K_{BC} = \dfrac{1.5I}{6} \rightarrow k_{BC} = 1.5 \times 2 = 3$

$\rightarrow f_{BC} = \dfrac{1}{2}$

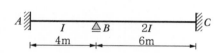

정답 $K_{BA} = \dfrac{I}{4} \rightarrow k_{BA} = 2 \rightarrow f_{BA} = \dfrac{1}{2}$

$K_{BC} = \dfrac{3}{4} \times \dfrac{2I}{6} = \dfrac{I}{4}$

$\rightarrow k_{BC} = 2 \rightarrow f_{BC} = \dfrac{1}{2}$

예문 39 그림과 같은 구조물의 분배율은?

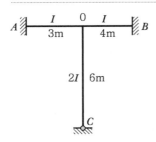

$K_{oA} = \dfrac{I}{3}$

$$\to k_{oA} = 4 \to f_{oA} = \dfrac{4}{10}$$

$$K_{oB} = \dfrac{I}{4} \to k_{oB} = 3$$

$$\to f_{oB} = \dfrac{3}{10}$$

$$K_{oC} = \dfrac{3}{4}\dfrac{2I}{6}$$

$$\to k_{oC} = 3 \to f_{oC} = \dfrac{3}{10}$$

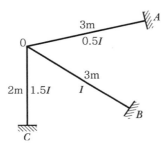

정답 $K_{oA} = \dfrac{0.5I}{3}$

$$\to k_{oA} = 2 \times 0.5 = 1$$

$$\to f_{oA} = \dfrac{1}{7.5}$$

$$K_{oB} = \dfrac{I}{3}$$

$$\to k_{oB} = 1 \times 2 = 2$$

$$\to f_{oB} = \dfrac{2}{7.5}$$

$$K_{oC} = \dfrac{1.5I}{2}$$

$$\to k_{oC} = 1.5 \times 3 = 4.5$$

$$\to f_{oC} = \dfrac{4.5}{7.5}$$

정답 $K_{oA} = \dfrac{3}{4}\dfrac{I}{l} \to k_{oA} = 3$

$$\to f_{oA} = \dfrac{3}{19}$$

$$K_{oB} = \dfrac{1.5I}{l}\dfrac{4}{\underset{\longrightarrow}{4}}$$

$$k_{oB} = 6 \to f_{oB} = \dfrac{6}{19}$$

$$K_{oC} = \dfrac{I}{l} \to \dfrac{4}{\underset{\longrightarrow}{4}}$$

$$k_{oC} = 4 \to f_{oC} = \dfrac{4}{19}$$

$$K_{oD} = \dfrac{3}{4}\dfrac{2I}{l} \to k_{oD} = 6 \to f_{oD} = \dfrac{6}{19}$$

예문 40 다음 그림과 같은 라멘에서 1층에 대한 층 방정식은?

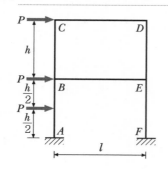

정답 $3P + \left(\dfrac{M_{AB} + M_{BA}}{h} \right) - \dfrac{P}{2}$
$+ \left(\dfrac{M_{FE} + M_{EF}}{h} \right) = 0$

$M_{AB} + M_{BA} + M_{EF} + M_{FE} + 2.5P \cdot h = 0$

예문 41 그림과 같은 부정정라멘의 층방정식은?

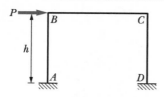

정답 $M_{AB} + M_{BA} + M_{CD} + M_{DC} + Ph = 0$

$P = - \dfrac{M_{AB} + M_{BA} + M_{CD} + M_{DC}}{h}$